化学的魅力
在 哪 里

王云生　编著

化学工业出版社

·北京·

内 容 简 介

　　《化学的魅力在哪里》以普及化学科学、提高公民科学素养为主旨，以化学基础知识为纲，密切联系自然界、社会生产生活和环境保护事业的实际，引用重要的化学发展史料，用七个主题深入浅出、饶有趣味地帮助读者系统了解化学，领略化学的魅力，提高科学素养。主要内容有：描绘物质世界的风采、揭示元素的原子结构、剖析分子与晶体结构、探究化学反应的规律与原理、阐述物质的制造与合成、介绍化学思想观念与方法、倡导化学价值与科学精神。

　　本书面向希望了解、学习化学科学基础知识的读者，也是一本适合中学生阅读的课外读物，还可供化学相关专业的高校学生、中小学教师参考。

图书在版编目（CIP）数据

化学的魅力在哪里/王云生编著.—北京：化学
工业出版社，2021.9（2024.1 重印）
ISBN 978-7-122-39386-9

Ⅰ.①化…　Ⅱ.①王…　Ⅲ.①化学－普及读物　Ⅳ.
①O6-49

中国版本图书馆 CIP 数据核字（2021）第 120541 号

责任编辑：冉海滢　刘　军　　　文字编辑：昝景岩
责任校对：王　静　　　　　　　装帧设计：关　飞

出版发行：化学工业出版社（北京市东城区青年湖南街13号
　　　　　邮政编码100011）
印　　装：北京建宏印刷有限公司
880mm×1230mm　1/32　印张6½　字数191千字
2024 年 1 月北京第 1 版第 2 次印刷

购书咨询：010-64518888　　　售后服务：010-64518899
网　　址：http://www.cip.com.cn

定　　价：58.00元

　　我们生活的世界由各种各样的物质组成。所有的物质都是由化学元素组成的，都在时时刻刻地发生着化学变化。化学世界中充满了无穷的奥妙，隐藏着许多秘密。人们衣食住行的来源、人类社会发展的动力之源，无不与物质及其发生的化学变化密切相关。人类在生产生活中，也在不断探索、认识物质世界。一代代化学家对化学世界的潜心探索与奇思妙想，创建发展了化学科学。

　　化学是什么？不同的人从不同视角看待化学。化学是炼丹师、炼金术士、化学家的魔术，是制造爆炸、毒物的武器，还是具有巨大创造力、能为人类社会可持续发展做贡献的科学？

　　我国杰出的化学家、中国科学院院士徐光宪，亲自撰写了一篇文章，论述现代化学科学是一门怎样的科学，具有什么样的魅力。他说："化学是一门承上启下的中心科学"，"化学与信息、生命、材料、环境、能源、地球、空间和核科学八大朝阳科学（sunrise sciences）都有紧密的联系、交叉和渗透"，"化学又是一门社会迫切需要的中心科学，与我们的衣、食、住、行都有非常紧密的联系。化学又为六大技术（信息技术、生物技术、新材料技术、新能源技术、空间技术、海洋技术）提供了必需的物质基础。"

　　化学科学和其他学科、技术的关联性，化学科学的实用性、创造性，决定了它是一门任何人都需要有所了解的学问，是一门具有非凡魅力的科学。

　　每个人在衣、食、住、行中都必然会遇到有关化学的问题。比如，穿衣，该选择什么样的布料；饮食，怎样吃才健康；住房，该选择哪种建材和家具……无不涉及化学知识。如果要从事科学研究工作，更免不了要运用许多化学知识、技能。在信息社会中，要了解各种知识（包括化学知识）并不难，但是能否正确理解并在实际情景中运用其解决问题，仍然受到人们所具备的科学素养的制约。举个简单的例子，市场上有各种各样"名目"的水，硬水、软水、自来水、直饮水、天然矿泉水、太空水、纯净水、无离子水、小分子水、中性水……哪种水是最适合日常饮用的？众说纷纭。如果掌握水的组成、结构、性质等最基础的知识，就能帮助你对各种说法做分析、甄别和判断。

理解、掌握中学阶段所学习的初浅的化学基础知识和基本技能，形成化学科学看待物质世界的基本观念和方法，了解化学科学的价值，培养崇尚科学的精神，是提高自身科学素养、培养正确价值观、形成必备品格和关键能力所不可或缺的。帮助读者密切联系实际，在鲜活、有趣的情境中完成这一过程，正是编写本书的主旨。

本书在编写过程中参考了许多专家编写的化学教科书和化学科普著作，引用了不少宝贵资料。福建省莆田市教师进修学院化学教研室组长、高级教师曾新庭，江苏省扬州市教育科学研究院化学教研室主任、正高级教师王峰博士，陕西师范大学化学系杨承印教授审读了书稿，提出了宝贵的修改意见。在此向提供宝贵经验和资料的专家表达诚挚的谢意！

由于编著者水平所限，书中存在的疏漏之处还希望读者和专家不吝批评、指正。

王云生

2021 年 6 月

1 揭示物质世界本源 描绘物质世界风采

1.1 揭示物质的本源 003

1.1.1 物质由化学元素构成 004

1.1.2 认识化学元素家族 006

1.2 探究元素的原子结构 008

1.2.1 原子结构模型 008

1.2.2 原子、离子和分子 011

1.2.3 有多少种原子 012

1.3 发现物质形态的多样性 015

1.4 认识奇异的纳米材料 019

1.4.1 纳米颗粒与纳米材料 020

1.4.2 纳米材料的奇异性质 020

1.5 探究奇妙的同素异形现象 022

1.5.1 碳的同素异形体 023

1.5.2 锡的同素异形体 024

1.6 给种类繁多的物质分类 025

1.6.1 无机物与有机物 026

1.6.2 常见的物质分类系统 027

1.6.3 认识物质类别与性质的重要性 029

阅读本章后，你知道了什么？ 031

2 探索微观结构奥秘 阐述微粒作用本质

2.1 物质间存在哪些作用力 034

2.2 微观粒子间的作用力来自哪里 035

2.2.1 微观粒子的二象性 035

2.2.2 原子核外电子的运动状态 036

2.2.3 核外电子运动状态对元素性质的影响 039

2.3 微粒怎样结合成宏观物质 040

2.3.1 离子化合物中阴阳离子的相互作用 040

2.3.2 金属单质中原子的相互作用 041

2.3.3 分子中原子是怎样相互结合的 042

2.3.4 物质分子间的相互作用 047

2.3.5 奇妙的氢键 050

2.4 什么是超分子 052

阅读本章后，你知道了什么？ 055

3 窥探分子结构奥秘
剖析常见晶体结构

3.1　认识分子的空间结构　　　　　　　　　　　　057

3.2　了解晶体结构的奥秘　　　　　　　　　　　　059

　　3.2.1　离子晶体　　　　　　　　　　　　　　060

　　3.2.2　分子晶体　　　　　　　　　　　　　　062

　　3.2.3　共价晶体　　　　　　　　　　　　　　063

　　3.2.4　金属晶体　　　　　　　　　　　　　　065

3.3　有机化合物种类繁多的秘密　　　　　　　　　067

　　3.3.1　有机化合物分子中碳的成键方式　　　　067

　　3.3.2　苯分子结构的研究　　　　　　　　　　069

　　3.3.3　有机化合物分子中的官能团　　　　　　072

　　3.3.4　有机化合物的分类　　　　　　　　　　073

3.4　不可忽视的同分异构现象　　　　　　　　　　076

　　3.4.1　同分异构现象和同分异构体　　　　　　076

　　3.4.2　识别同分异构体的重要性　　　　　　　081

3.5　物质的组成结构决定物质的性质　　　　　　　082

　　阅读本章后，你知道了什么？　　　　　　　　083

4 洞察化学变化特征
分析物质变化类型

4.1　什么是化学变化的本质特征　　　　　　　　　087

　　4.1.1　化学变化的本质　　　　　　　　　　　087

4.1.2　化学变化中的质变与量变　　089

4.1.3　化学变化中的能量转化　　089

4.2　怎样给变化多端的化学反应分类　　092

4.2.1　常见的几种化学反应类型　　093

4.2.2　化学反应无处不在　　100

4.3　科学家怎样研究化学反应　　105

4.3.1　化学研究需要科学的方法　　105

4.3.2　观察和实验　　107

4.3.3　科学探究　　109

阅读本章后，你知道了什么？　　112

5 探究化学反应原理 发现化学反应规律

5.1　化学反应是有方向的　　116

5.1.1　化学反应中反应体系能量的变化　　116

5.1.2　化学反应中反应体系混乱度的变化　　118

5.1.3　化学反应方向的判据　　119

5.2　化学反应伴随着能量的转化　　121

5.2.1　化学反应的热效应　　122

5.2.2　化学能与电能的相互转化　　123

5.3　化学反应快慢不同的原因　　125

5.3.1　化学反应速率　　125

5.3.2　影响化学反应速率的因素　　127

5.3.3　化学反应的催化剂　　129

5.3.4　奇异的酶　　132

5.4　化学反应存在平衡状态　　　　　　134

　　阅读本章后，你知道了什么？　　　　136

6 引领自然资源开发
创造新的物质世界

6.1　化学科学的魅力在于创造　　　　138

6.2　引领自然资源的开发与利用　　　141

　　6.2.1　物质制造合成的途径　　　141

　　6.2.2　金属资源的开发利用　　　142

　　6.2.3　无机非金属材料的研发　　145

　　6.2.4　有机高分子化合物的合成　147

6.3　化学家要创造一个新的物质世界　150

　　6.3.1　生物大分子的合成　　　　151

　　6.3.2　操纵原子、分子制造物质　153

　　6.3.3　分子识别与自组装　　　　154

　　6.3.4　走绿色化学合成之路　　　155

　　阅读本章后，你知道了什么？　　　157

7 展现化学科学价值
弘扬科学研究精神

7.1　化学元素的发现和合成　　　　　159

　　7.1.1　元素概念的形成　　　　　159

    7.1.2　元素的发现　　　　　　　　　　　　　　161

    7.1.3　元素周期律的发现　　　　　　　　　　162

7.2　食盐应用的开发拓展　　　　　　　　　　　164

    7.2.1　食盐是调味品　　　　　　　　　　　　165

    7.2.2　食盐是重要的化工原料　　　　　　　　167

    7.2.3　食盐电解产品钠和氯气的应用价值　　170

7.3　阿司匹林的研发和使用　　　　　　　　　　173

    7.3.1　水杨酸的来源与应用　　　　　　　　　174

    7.3.2　阿司匹林的研制、合成与修饰　　　　175

7.4　铭记化学家们的贡献　　　　　　　　　　　177

    7.4.1　近代化学的奠基人——罗伯特·波义耳　178

    7.4.2　现代化学之父——拉瓦锡　　　　　　180

    7.4.3　近代原子论的提出者——道尔顿　　　182

    7.4.4　分子假说的提出者——阿伏加德罗　　183

    7.4.5　发表元素周期表的化学家——门捷列夫　185

    7.4.6　化学工程技术专家——勒夏特列　　　186

    7.4.7　一个传奇而伟大的化学家、发明家——诺贝尔　186

    7.4.8　对分子原子结构研究贡献突出的科学家

        ——凯库勒、范特霍夫、卢瑟福、玻尔、鲍林　187

阅读本章后，你知道了什么？　　　　　　　　　　191

参考文献　　　　　　　　　　　　　　　　　　　193

1

揭示物质世界本源
描绘物质世界风采

我们看到的各种物件，都是由各种各样的物质构成的。例如，毛质面料大多是用羊毛线纺织的，羊毛线是羊毛纺成的［图1-1（a）］。羊毛是由动物纤维构成的，动物纤维的主要成分是蛋白质。简单地说，羊毛的主要成分是称为"蛋白质"的物质。我们用肉眼难以看清毛质面料中羊毛线是如何按经纬花样紧密编织的。如果用放大20倍的显微镜，就可以观察到羊毛布料中直径约为4mm的毛线的编织纹路与其间的孔隙。若用可以放大1000倍的显微镜，还可以观察到直径约为80μm的羊毛线的表面结构特征，及羊毛线相互缠绕交织的情况。如果有可以放大到5000万倍的"显微镜"，就可以观察到许多长链状的、直径1.5nm级的纤维状蛋白质分子以一定的方式聚集；还可以看到这些蛋白质分子是由许多原子（如碳、氢、氧、氮、硫等的原子）按一定规则连接形成的长链状的高分子。当然，这种超级显微镜并不存在。因为这些被科学家称为原子、分子的微小粒子，太小太小，根本看不到它的真实形状，科学家只能基于各种实验结果，靠想象、推理、论证，建立这些微粒的结构模型。图1-1（a）～（c）显示了毛质面料逐级放大的表面形态。图1-1（d）为科学家建立起来的长链状蛋白质分子彼此聚集的结构模型。

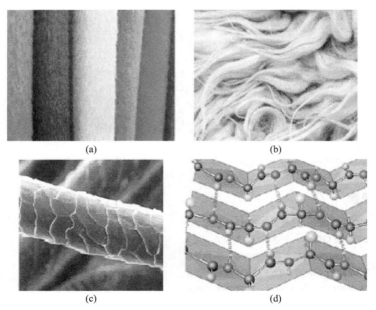

(a)　　　　　　　　　　　　(b)

(c)　　　　　　　　　　　　(d)

图1-1　毛质面料、羊毛、纤维状蛋白质分子结构（示意图）

科学家用肉眼、借助于光学显微镜或扫描隧道显微镜（STM）乃至原子力显微镜（AFM）能直接观察到的物质结构，人们称之为宏观结构。而难以直接观察到的更细微的结构称为物质的微观结构。物质的微观结构，就是从原子、分子水平来观察、研究物质的结构。

化学科学是从微观层次上，也就是在原子、分子的水平上研究物质是如何构成的，研究探索构成物质的原子、分子等微粒具有什么样的内部结构，它们是如何组成、彼此结合形成有特定结构和性质的各种宏观物质，这些物质在某种条件下又会发生什么样的变化，进而研究如何利用、制造、合成和创造人们需要的各种新物质。

虽然目前科学家利用现代最先进的仪器装置，也还无法直接观察到原子、分子的形状和结构。但是，科学家们依据自然现象的观察、实验事实的观察，分析、归纳所收集到的现象和数据，通过想象、假设，建立了原子、分子等微粒的结构模型，描绘它们的结构和相互作用。这些微观粒子的结构模型和实际微观粒子的真实构造并不完全相同，显得简单、理性化，但是运用这些结构模型，可以描绘粒子的构造和运动特征，能揭示微观粒子的最本质特征，有助于深入研究探索物质的结构，有助于解释相关的实验事实和自然界中的各种化学变化。现在，化学科学已经积累了丰富的关于物质的性质与变化的知识，掌握了许多物质变化的规律，建立了化学的基本概念和理论体系，形成了化学的基本观念和思想，能指导人们正确地认识物质世界及其变化，合理地利用自然资源，促进社会的可持续发展，满足人们的各种生活需求。

迈入化学王国的殿堂，要注意通过自然现象的观察，运用实验、物质结构和变化过程模型，借助想象、推理论证等逻辑思维方法学习和研究。有了正确的方法，我们面前将会展现一个迷人的微观世界，让我们看到纷繁复杂的物质世界是怎样构成、怎样变化的。

1.1 揭示物质的本源

从古希腊时代到现代，人类都在探索物质之源。人们认为构成自然界中一切物质的最简单的组成部分是元素。远古时代探索物质构成的哲学家把元素看作是抽象的原始精神的一种表现形式或是物质所具有的基本性质。例如"五行说"把金、木、水、火、土看成物质之源。而现代化学家认为构成物质的最基本的成分是化学元素。

1.1.1 物质由化学元素构成

人类经过数千年的探索，终于知道无论是非生命物质还是生命体，都是化学元素构成的。生命是这些物质不断发生有规律的化学反应的产物，元素是物质之源，也是生命之源。许多食物，包括谷物、鱼、肉、蔬菜、食用油烧焦了，分解了，其中许多成分转化为各种气态物质，最终只剩下炭黑，炭黑就是由碳元素组成的。可见碳元素是谷物、鱼、肉、蔬菜、食用油这些食物的最基本构成元素之一。谷物、鱼、肉、蔬菜、食用油都是有机化合物，所有有机化合物都含有碳元素，没有碳元素，就不会有有机化合物。科学家基于各种实验事实证明，纷繁复杂的物质世界，在微观结构上，实际上是非常简单明了的：它们都是由一种或几种化学元素的原子构成的。

迄今为止共发现了 118 种元素。化学家赋予每种元素一个元素符号。每一种元素的最基本单位是人们熟知的微粒——原子。化学科学用元素符号表示元素或该元素的原子。如，碳元素的元素符号是 C，氧元素是 O，氢元素是 H，铁元素是 Fe。

元素存在于物质之中。构成每种物质的元素种类是一定的。物质中不存在的元素，除非利用核反应，是无法使之无中生有的。古代炼丹术士希望"炼石成金"，要把不含金元素的铅等廉价金属变成贵重的黄金，希望从各种无机矿物中炼出能维持生命的"长生不老"丹药。古代炼丹术士根本不明白物质是怎样构成的，迷恋于虚无缥缈的幻想，他们的努力必定失败。可笑的是，现代仍然有人会"忘记"元素无法无中生有的道理。20 世纪 80 年代，就有人相信"水可以变成汽油"的骗术，希望把不含碳元素的水，变成由碳、氢元素组成的汽油。

同一种元素的原子可以彼此结合形成单质，如氧元素的两个原子结合成氧分子，许多氧分子聚集成氧气。氢元素形成的单质就是氢气，碳元素形成的单质有金刚石等，铁元素形成的单质就是金属铁。由两种或更多种元素可以形成各种化合物。如，水中含氢、氧两种元素，水是无数水分子的聚集体，水分子是由氢元素的两个原子和氧元素的一个原子结合构成的；二氧化碳含碳、氧元素，二氧化碳是无数二氧化碳分子的聚集体，每个二氧化碳分子是由两个氧原子和一个碳原子结合构成；石灰石含钙、碳、氧三种元素，石灰石中三种元素的原子数比是1：1：3；食盐中含有钠、氯两种元素，两种元素的原子数比是1：1；葡萄糖、淀粉都含有碳、氢、氧元素；蛋白质中含有碳、氢、氧、氮等元素……各种纯净的物质都由确定的一种或若干种元素组成，各元素的质量比、原子数比也是确定的。

在一定条件下，一种物质可以转变为另一种物质，也就是说组成一种物质的元素，可以在一定条件下重新组合，变成别的物质。如我们可以从某些富含钙的食物中摄取钙，促进骨骼的生长。无数事实说明，无论是结构简单的还是结构复杂的物质，无论是我们非常熟悉的常见物质还是十分罕见的物质，无论是自然界里本来就有的物质还是科学家合成的新物质，都是由化学元素的原子构成的。物质会发生化学变化，转化为别的物质，但是组成物质的元素不会从一种变成另一种。

俗语说"一样米养百种人"，同样的五谷粮食供养出多种多样的个体，形成了纷繁复杂的人类社会。物质世界里，区区几十种元素，却可以构成数千万种形形色色的物质。例如由同一种元素——氧元素的原子可以构成许多生物体须臾不可缺少的氧气，也可以构成臭氧。臭氧在大气平流层中构成臭氧层，可以吸收太阳的紫外线，让地球上的生物免受紫外线的危害。碳元素的原子可以构成黑乎乎粉末状的炭黑，也可以构成晶莹璀璨的金刚石，还可以构成可制造电极、铅笔芯的石墨。由氢、氧两种不同种元素的原子可以构成我们每天都要饮用的水，也可以构成具有消毒杀菌作用的双氧水，原子反应堆中使用的重水也是这两种元素的原子构成的。汽油、聚乙烯塑料薄膜的主要成分都是碳、氢元素的原子构成的各种分子。葡萄糖、淀粉、棉花的纤维分子，都是由碳、氢、氧三种元素的原子构成的。微观结构非常复杂的各种蛋白质和DNA分子是由多种元素的原子构成的。物质的种类林林总总，数不胜数。每一种物质在不同条件下，又可能具有不同的形态（例如液态的水可以变成固态的冰、气态的水蒸气、具有液态气态特征的超临界水，等等）。因此，我们不难理解为什么几十种简单的化学元素，可以构成纷繁复杂的物质世界。

1.1.2 认识化学元素家族

现在人们已经发现了 118 种化学元素，除几种人造元素外，它们构成了地球上千千万万种的物质，包括有生命的物质。

人们把已经发现的所有化学元素，用元素符号，按各种元素间的内在关系（元素性质随原子的核电荷数的递增呈周期性变化）排列在一张表中，形成人们现在已经熟知的化学元素周期表（图 1-2）。

在元素周期表中，每种元素占有一个小方格，这些小方格排列成 7 个横行、18 个列。每个横行称为一个周期，每个列称为一个族（第 8、9、10 列合称为一个族）。前 3 个周期是短周期，元素数目分别是 2、8、8 种，后 4 个周期是长周期，元素数目依次是 18、18、32、32 种。16 个元素族中，既含有短周期也含有长周期元素的族称为主族（主族中最右边一列称为 0 族），只含有长周期元素的为副族（其中第 8、9、10 列合称为Ⅷ族）。2015 年底，国际纯粹与应用化学联合会（IUPAC）正式宣布，确认了 113、115、117 和 118 号 4 种新元素的发现，至此，元素周期表上七个周期的元素均已被发现。元素周期表前 26 种元素，从氢到铁都是在恒星内部核聚变过程形成的，而从 27 号元素钴起自然存在的元素都是由于红巨星、超新星爆炸形成的。周期表中有一些元素是自然界中不存在的，或在自然界中丰度非常小，是科学家用加速器或核反应堆发现、合成的，这些元素被称为人造元素。人工合成元素是一项艰巨的工作，科学家可能需要十余年的实验、检测，只能得到一刹那成功的喜悦，因为有的人工合成元素只能存在很短的时间。周期表中的 118 种元素中有多少种可归为人造元素，人们还有不同看法。

据研究，构成人体的元素约有 60 余种。氧（O）、碳（C）、氢（H）、氮（N）、钙（Ca）、磷（P）、钾（K）、硫（S）、钠（Na）、氯（Cl）、镁（Mg）11 种元素约占人体重量的 99.35%。此外，人体中还含有多种的微量元素（它们的含量大都小于 0.01%）。例如，铁（Fe）、锌（Zn）、铜（Cu）、铬（Cr）、钴（Co）、锰（Mn）、钼（Mo）、碘（I）、硒（Se）、镍（Ni）、锡（Sn）、硅（Si）、氟（F）、钒（V）等。人体中的元素，分布在人体的各个组织和

元素周期表

图1-2 元素周期表

器官中，构成了人体中的各种化合物，包括水、多种无机化合物（如碳酸钙、羟基磷酸钙等），以及种类繁多、数量巨大的有机化合物（如糖类、脂类、蛋白质、核酸、维生素、酶、激素等）。在人的血液中还含有氧和氮元素形成的少量氧气和氮气。这些物质有的是构成人体的组织、器官、骨骼、血液、体液、皮肤、毛发必不可少的物质，有的在人体中发挥各种生理功能，保障人的发育成长，维持人的生命活动。

化学元素的最小单位是原子，原子不是一个实心的小球，它是由更小的微粒构成的，而且具有复杂的结构。了解原子结构是认识元素组成的物质世界奥秘的基础。

1.2　探究元素的原子结构

人类历史上，许多科学家在探究原子结构的过程中，依据观察到的物质变化的现象，通过科学实验，先后提出了多种原子结构的假说，运用相应的结构模型来说明他们对原子结构的认识。正是由于一代又一代科学家的探索，才使我们今天对原子结构有了比较清晰的认识。

1.2.1　原子结构模型

纵观原子结构探索的历史进程，科学家们先后提出了几种原子结构模型、概念和原理。如，道尔顿提出的球形实体原子学说、汤姆孙的葡萄干面包式的原子结构模型、卢瑟福的有核原子模型、玻尔的原子核外电子的量子化轨道模型、海森堡提出的描述核外电子运动状态的电子云概念、泡利提出的有关核外电子运动状态的泡利不相容原理。图1-3介绍了人类探索原子结构历程中几个重要阶段的代表人物以及他们提出的原子结构模型。

这些原子结构模型或学说，能说明、解释他们所处的时代所观察到的有关实验事实。随着时代的进步，科学技术的发展，实验手段的进步，这些模型存在的缺陷随之显现出来，需要依据新的发现做修正。新的结构模型、新的结构学说的提出，使人类对原子结构的认识不断地进步，愈来愈接近真实的情况。

公元前400年
德谟克里特
物质由微粒构成

公元前340年
惠施
物质无限可分

1805年
道尔顿
物质由原子构成

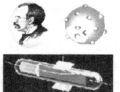

1897年
汤姆孙
葡萄干面包模型

1909年
卢瑟福
带核原子结构模型

1913年
玻尔
电子在稳定轨道运转

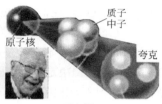

1964年
盖尔曼
构成质子中子的夸克模型

图 1-3　人类探索原子结构各阶段的代表人物

　　图 1-4 用几幅原子结构模型图简明地描绘了现代人们对原子结构的认识。原子由位于原子中心的原子核和一些微小的在核外空间一定区域高速运转的电子构成［图 1-4（a）］。原子核又由一定数目的质子和中子［图 1-4（b）］构成。质子、中子又是由更小的微粒夸克构成的。图 1-4（a）中，原子核外的若干个椭圆形，用于表示核外电

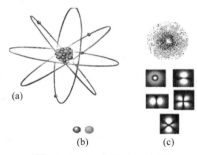

图 1-4　原子构造示意图

子绕核运转的"轨道"。实际上，这些像行星运行的轨道并不存在。因为电子在核外空间出现的位置和动量具有不确定性，是随机出现的。由于核外电子在核外空间出现的机会有一定的概率，出现概率高达 95% 的区域被称作"原子轨道"。这些椭圆形轨道，只表示核外电子在核外空间运转、出现区域有一定的范围，这些运动区域离核远近不同，构成若干围绕着原子核的电子

层。在不同原子轨道上运转的电子，具有不同的能量。因此，各个电子层上的原子轨道，处于不同的能级。同一个原子轨道上的电子，最多只能容纳两个电子。这两个电子的运动状态也有差异——自旋方向相反，在一个原子轨道上有两个自旋方向相反的电子，是较为稳定的原子轨道。这一发现是科学家泡利提出的，称为"泡利不相容原理"。在各电子层上高速运转的电子，好似一团带负电的云雾出现在距离原子核远近不同的空间，占据一定空间区域，形成有一定的形状和空间取向的"电子云"。图1-4（c）描绘了几种电子云的形态。从原子结构模型可以知道原子、分子、离子虽小，但并非是一个简单的实心球，它们具有复杂的结构。

原子的质量非常小，科学家用相对质量来表示。把原子核中质子、中子的相对质量定为1。核外电子质量更为微小，只有质子质量的1/1736。因此，原子的相对质量决定于原子核中的质子与中子的质量总和。原子核中每个质子带1个单位正电荷，中子不带电荷。核外电子带1个单位负电荷。元素原子核内质子数与核外电子数相同，原子不显电性。同种元素的原子，原子核中的质子数相同，中子数可以不同。因此，一种元素可以有质子数相同而中子数不同的几种原子。科学家把含一定质子数、一定中子数的原子称为核素，所以，一种元素可以有几种核素。核素的符号可用 $_Z^A X$ 表示，X 是元素的符号，写在元素符号左上角的 A 是核素的质量数，写在元素符号左下角的 Z 是质子数，A 与 Z 的数值的差值即原子核中含有的中子数。氧元素有3种核素 $_8^{16}O$、$_8^{17}O$、$_8^{18}O$。

元素原子中各种组成微粒的关系可以用下列式子表示：

原子核中的质子数 Z= 元素核电荷数 = 原子核外的电子数

原子核中的质子数 Z + 原子核中的中子数 = 原子的质量数 A

原子的体积也非常非常小，直径大约是 $10^{-1}nm$，小到我们的肉眼根本无法分辨。$5×10^9$ 个碳原子排在一起的长度只相当于一根头发丝的直径。如果一个原子放大到一颗弹珠般的大小，我们的拳头也放大同样倍数，就有地球那么大。原子并不是一个致密的结构，原子核只占据原子中心的一个极小的空间，核外电子在原子核外运动的空间（原子体积）比原子核大得多。原子核和核外电子之间有很大的空隙，在一个原子中，99.999 999 999 999% 的空间都是空的。如果把地球上所有人体中的原子里的空隙都去掉，用一个汤匙就能装下地球上的所有人。核外电子在原子核外做高速运动，速度可达 2200km·s⁻¹，这样的速度绕地球一周只需 18s。图 1-5 用粒子的结构模型，简略地描绘了构成宏观物质的几种微粒的组成、结构。图中用微粒的半径的数量级来比较它们的大小。

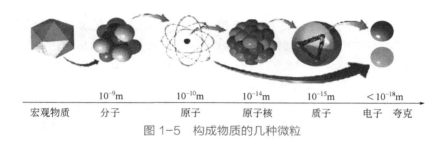

宏观物质	分子	原子	原子核	质子	电子 夸克
	10^{-9}m	10^{-10}m	10^{-14}m	10^{-15}m	$<10^{-18}$m

图 1-5　构成物质的几种微粒

认识原子、分子的结构，研究、说明原子、分子通过怎样的相互作用结合成数千万种物质，是化学科学的一项重要内容。

1.2.2　原子、离子和分子

各种元素的原子，通过多种多样的方式相互作用相互结合，并按一定的规则在三维空间排列、堆积，构成了纷繁复杂的物质世界。例如，金刚石、石墨、碳 60、碳纳米管、石墨烯都是许许多多碳原子在三维空间以一定方式排列构成的。这些物质中的碳原子以不同的方式在空间排列，构成了具有不同结构与不同化学特性的物质。食盐是氯元素和钠元素构成的。许许多多钠原子（Na）与氯原子（Cl），分别转化形成带正电荷的钠阳离子（Na⁺）与带负电荷的氯阴离子（Cl⁻），靠静电作用结合形成氯化钠。由于两种离子数比是 1∶1，所以氯化钠的化学式写成 NaCl。氢元素的原子与氧元素的原子，相互作用，每 2 个氢原子和 1 个氧原子结合成一个水分子（H_2O）。图 1-6 的水分子的结构模型显示了水分子中氢原子与氧原子的结合形式。水就是无数水分子集聚形成的。元素的原子，由原子构成的分子，由原子形成的阴、阳离子，都是构成物质的微粒，它们也是化学元素在物质中的存在形式。

图 1-6　水分子的结构模型图

　　无论是原子、分子或离子，它们都极其微小，肉眼可见的宏观物质都是巨大数量的原子、分子、阴阳离子的集合体。1g 水中含有 3.34×10^{22} 个水分子，相当于地球上人口总数的 4.3 万亿倍。假定将 1 杯 100g 的水中的水分子都染成红色，把它倒入大海中，这些红色水分子均匀分散到大海中，再从大海中取出 100g 海水，其中含有的红色水分子约是 428 个。科学家研究发现，18g 水中含有的水分子数约是 6.02×10^{23} 个。58.5g 氯化钠是由大约 6.02×10^{23} 个钠离子、6.02×10^{23} 个氯离子构成的。12g 金刚石是由约 6.02×10^{23} 个碳原子彼此结合而成的。所有的宏观物质都是大量微粒的集合体。物质的宏观变化现象都是大量分子集合体变化的结果，绝不是一两个分子的变化。

1.2.3　有多少种原子

　　看到这一标题，你会觉得问得有点多余吗？ 118 种元素，不就是有 118 种原子吗？不是的。我们上面谈到，同一种元素，可以有几种不同的原子。同一种元素的原子，原子核中含有相同的质子数，但是含有的中子数可以不同。具有相同质子数、不同中子数的同一元素的不同核素互为同位素。已发现的 118 种元素中，有不少元素存在含有相同数目质子，而有不同数目中子的不同种原子。

　　例如，氧元素有三种原子，原子核中质子数都是 8，中子数分别是 8、9、10，它们的相对原子质量分别是 16、17、18。化学家分别用符号 ^{16}O、^{17}O、^{18}O 表示。氢元素的原子，原子核中质子数都是 1，中子数分别是 0、1、2，它们的相对原子质量分别是 1、2、3。化学家分别用符号 ^{1}H（或 H）、^{2}H（或 D）、^{3}H（或 T）表示这 3 种氢原子。我们喝水时，进入体内的水分子可以说都一样，又不完全一样。其中，由 ^{16}O 原子与 H、D、T 三种氢元素的原子形成的水分子就有 6 种（见图 1-7）。运用数学方法做计算推理，可以知道由氢元素的 3 种原子与氧元素的 3 种原子分别构成的水分子多达 18 种。除普通的水分子外，有重水（D_2O，相对分子质量 20）、超重水（T_2O，相对分子质量 22）等等。普通水分子与重水、超重水在性质上有所差异，可看作"孪生兄弟"。重水在外观上和普通水相似，在常温常压下，也是无臭、无味的液体，它们的化学性质也相同，但是密度略大（$1.1079g \cdot cm^{-3}$），冰点（3.82℃）、沸点（101.42℃）略高。重水参与化学反应的速率比普通水缓慢。普通水可以滋养生命，培育万物，含重水特别少的水（如雪水）有利于生物生长。而浓而纯的重水不能维持动植物的生命。种子在重水中不会发芽，微生物、鱼类在纯重水或含重水较多（超过 80%）的水中，数小时就会死亡。人喝含 60% ～ 80% 重水的水，会引起死亡。超重水含有的超重氢 ^3H（T）有放射性，能放出 β 射线（电子流）。自然界中的水，都含有不同的水分子，但是各种水分子所占的比例差别极大。普通的水分子占 99.8%，重水只占 0.15%，半重水（HDO）约占 1/3200，超重水比例更小。喝一小口水，其中普通的水分子约是重水分子的 99.8 倍。在高山上的冰雪中，特别是在南极的冰雪中，重水含量更是微乎其微。由于自然界的水中超重水极其微少，人类进化了数百万年，早已适应了地球上的水环境，这些微量的超重水虽然具有放射性，也不会对人构成危害。

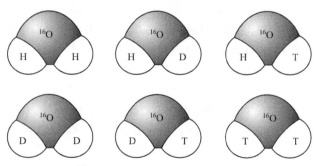

图 1-7　^{16}O 原子与三种氢原子可构成 6 种水分子

重氢、超重氢、重水、超重水具有的特殊性质，在一些场合下显得非常重要。因此，科学家们十分热心地研究和利用它们，为人类谋福利。例如，一些夜光手表表盘上涂有自发光型夜光材料，它的成分中含有放射性的 T 元素（或其他放射性同位素）的涂料与荧光材料，放射性元素发出的射线作用于荧光体可以发出辉光。夜光手表表盘上涂抹的含T涂料很薄，可以把辐射量严格控制在一个安全的范围内，另外由于放出的射线大部分可被表壳的金属材料与玻璃吸收，因此不会危害佩戴者的健康。

重水用于核反应堆中作为核裂变反应的减速剂，可以减小中子的速率，用于控制反应堆中裂变的过程。在重水反应堆中，可以使用普通铀，而且会把铀238转化成为可制作核弹的钚。重水还用于制造超氢。在研究化学和生理变化时也会用到重水。出于防止核武器扩散的考虑，很多国家都限制重水的生产和出售。

自然界的水中，重水含量很低，可以用蒸馏等物理方法或电解水的方法从自然界的水中获得重水，但需要消耗巨大的能量，一般使用其他化学方法从普通水中提炼。重水在自然界中分布较少，从自然界的水中提取很难，又是尖端技术的宝贵资源，所以售价很高。

一些元素的同位素像超重氢一样，有放射性，能放出能量较高的放射线，射线能破坏生物体的细胞、组织。把放射性同位素引入某些药物，患者服用这种药物，药物被吸收进入病变部位，用放射性探测仪跟踪这种药物分子的行踪与变化，可以找到病变部位。还可以利用进入人体病变部位的放射性同位素发出的射线，破坏病变组织进行治疗。例如，让患有甲状腺肿大的患者，服用含微量碘131（I-131，$^{131}_{53}I$）同位素的碘化钠（NaI）溶液，碘131只在甲状腺组织聚集，而不被其他组织摄取。碘131在甲状腺中发出β射线（在甲状腺内射程仅1mm），射线释放的能量可以破坏功能亢进的甲状腺组织，使肿大的甲状腺缩小，发挥治疗作用。

天然铀矿中的铀有铀235与铀238两种同位素。原子能反应堆和原子弹中使用的铀是容易在中子作用下发生裂变反应的铀235（$^{235}_{92}U$）。铀235同位素的天然浓度只有0.7％。在大多数商业核电厂中，能持续发生链式反应的铀235浓度通常约为3.5％，用于武器和舰船推进的丰度通常约为93％。用于原子能反应堆和原子弹的浓缩铀中，铀235的浓度要高于铀238。目前，有多项技术可以将铀235和铀238分离，从而提高铀235的浓度。

许多元素存在同位素，这也是有限种类的元素可以构成多种多样物质的原因之一。

1.3 发现物质形态的多样性

小学语文课本中曾选用的一篇课文《我会变》，介绍了自然界中水的三态变化。人们都知道水可以凝固成冰，化作雪从天而降，也可以化作水蒸气无声无息地逃逸到空中，水蒸气又会成为雨雾飘荡在陆地上空。水以多种面孔、多种姿态呈现在我们面前。南北极有万年冰原，海洋中有巨大冰山。冰密度比水小，可以浮于水面；冰十分坚硬，可以撞破巨轮的钢铁外壳。水蒸气看不见，却无处不在。科学家发明的器具，无论在野外、家中，都可以"无中生有"，把空中看不见、摸不着的水蒸气集聚成饮用水。许许多多事实告诉我们，水在不同环境条件下，尽管面孔、姿态差异很大，却实实在在是同一种物质——水分子的聚集体。

有不少物质和水一样，有三态变化，在不同条件下可以以固态、液态、气态存在。构成这些物质的分子，在不同的温度、压强下，分子的运动状态、分子间的相互作用、分子间的距离会发生改变，引起聚集状态的改变。二氧化碳气体可以转化为干冰；固态的石蜡受热会融化成为液态，还可以成为石蜡蒸气；汽油、酒精容易汽化；许多金属在高温下会熔化；火山爆发，四处流淌的炽热火红的熔岩，就是由地壳中各种固态的岩石、矿物熔融形成的。一些物质除了具有固、液、气三态外，还可以处于其他人们不太熟悉的形态。下面我们以水为例，做简要介绍。

水除了液态、固态、气态之外，还有不常见到的面孔或姿态：过热水、过冷水、超临界水、结晶水、小分子团水。水的多种面孔和姿态是怎么产生的？

与许许多多其他物质一样，我们可见的水、冰，看不见的水蒸气都是由微小的肉眼看不见的分子聚积在一起形成的。每个水分子的大小只有0.4nm，它们聚集起来却成为奔腾的江河、浩瀚的海洋。水分子总是处于不断的运动中，分子间还存在相互作用。在不同温度、压力等外界条件下，水分子的运动速率、分子间的间隔、分子间的相互作用、在空间的分布都不同。这些变化是水在不同温度、压力下聚集状态发生改变的原因。在通常压力下（一个大气压），在0℃以下，水分子处于有规则的排列状态（图1-8），分子间相互作用力较大，水分子只能在自己的位置上振动，呈现固体状态，

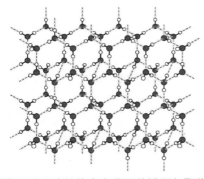

图1-8　冰晶体中水分子的排列与聚集

成为冰晶体或雪花状。当冰面的水分子从外界环境中吸收了热量，分子运动加剧，分子间的作用力会被削弱，分子间隔距离增大，冰表面的水分子会越来越多离开冰表面，聚集成为液态水，我们就会觉察到冰慢慢融化成水。液态水中水分子间的作用、间隔距离、运动状态与冰相比，都有了变化，成为可以流动、没有固定形状的液体。水表面的水分子从环境中吸收热量，分子运动加剧，水分子会离开液态水的表面，进入空间（通常称为蒸发）。在空间中水分子间间隔距离大大增加，水分子作无规则的运动，且运动速率远比在液态水中的大。彼此分散的微小的水分子，逐渐成为水蒸气。在通常的压力下，一般液态水只存在于0～100℃的环境中，温度降到0℃，液态水开始结冰，温度到达100℃，成为水蒸气。我们平时看到的雾，是水蒸气中凝结形成的微小液滴悬浮在空气中形成的。在某种条件下，水在0℃以下还能保持着液态，就是所谓的过冷水。水的温度超过100℃，还处于液态，被称为过热水。

　　如果空中的水蒸气温度保持在0℃或低于0℃，冰表面的水不可能吸收热量，冰、冰面上的水、空中的水蒸气可以"和平共处"，冰不再融化，水也不再结成冰，也不再转化为水蒸气，处于平衡状态。若供给热量，平衡打破，冰开始融化转变为液态水，直至全部融化成液态水。液态水中的水分子，若能不断吸收到热量，就有越来越多水蒸发成为水蒸气。在一定温度下，水与水面的水蒸气，处于平衡状态，液态水成为饱和状态的水，水蒸气成为饱和水蒸气。饱和蒸汽和饱和水的混合物称为湿饱和蒸汽，简称湿蒸汽。在一定温度下，澡堂中弥漫的水蒸气就是湿蒸汽。如果湿蒸汽中的液态小水滴继续受热，都蒸发成为水蒸气，就成为干蒸汽。若继续加热，温度继续上升，就成为过热蒸汽。

　　科学家研究发现，在特定条件下，在0℃以下，水也可能不会结冰，成为温度低于0℃的过冷水；在温度超过100℃时，水也可能不会蒸发成为水蒸气，成为过热水。这其中的原因十分复杂，至今还未完全研究清楚。科学家认为，水凝固成冰，必须存在结晶的中心——晶核。当水中没有结晶中心（晶核），水中的水分子就不会以一定的规则重复有序地排列，形成冰晶体，而可以在较长的时间下成为0℃以下的过冷水。晶核可以是微小的冰晶，也可以是水中的悬浮物，还可以是盛水的器皿壁的作用结果。非常纯净的水、不含有能作为晶核的杂质的水、流动的水、高气压下的水，都有可能成为过冷水。还有研究发现，高纯水在−400℃才开始结冰。由于过冷水和过热水都不稳定，处于所谓的"亚稳态"，外界条件一有轻微的变化，就可能发生状态的改变。例如，在一定温度范围的过冷水中放入半径在一定数量级范围的固体小颗粒作为结晶中心（晶核），过冷水就会在一眨眼的瞬间全部凝结。

如果你有兴趣可以在家里尝试做个过冷水实验。将冰箱冷冻室温度调至−7℃，将一瓶玻璃瓶装的纯净水（水不要盛满），竖着放入冷冻室，要保持瓶子或冰柜处于平稳不动的状态。三天后将纯净水轻轻取出，固定放好。你会发现冰箱里温度在−7℃下，水却没有完全冻结。打开瓶盖喝一口，水还没有发生冰冻，把瓶子竖直拿着，再向下撞一下，或是再喝完第二口，就会发现水冻结了。

在高空的云层中，有许多水滴在温度低于0℃时仍不冻结，成为过冷水滴。过冷水滴被轻轻地振动，马上就会冻结成冰颗粒。如果高空大气中有过冷水滴存在，对飞机的飞行是一个不安全的因素。

水在常压下，到达100℃，沸腾转化为水蒸气，也需要水中或容器壁表面有微小气泡存在，或是在容器表面极其微小的裂纹中存在空气，否则极易形成过热水。化学实验中在加热液体的容器中放入小瓷片，就是为了让液体顺利地蒸发转化为蒸汽，不至于变成过热液体，否则过热液体会在某个瞬间突然发生剧烈沸腾（暴沸），发生危险。

水分子还会"藏匿"在某些物质中，你看不见它，有时它却突然出现在你的眼前。例如，水分子可以吸附在物质的表面上，成为湿存水，使物质变得潮湿；水分子也可以进入物质的内部结构中，与物质的组成部分结合，成为结晶水。你看到过雕塑家用石膏粉雕塑石膏像吗？石膏粉加入适量的水，与水混合成糊状物，并在15min左右凝固，放出一定的热量。利用石膏由糊状物转化为固体的可塑性，可以制作石膏模具、石膏塑像、石膏绷带。加入石膏粉的水到哪里去了？它躲到了构成石膏粉的微粒之中。石膏的主要成分是硫酸钙。它是由钙离子（Ca^{2+}）、硫酸根离子（SO_4^{2-}）以 1:1 的个数比结合在一起形成的。自然界中存在的石膏矿，主要组成是 $CaSO_4 \cdot 2H_2O$ 的石膏晶体（亦称为生石膏），钙离子、硫酸根离子与水分子以 1:1:2 的个数比结合。晶体中藏匿着的水分子称为结晶水。把石膏晶体粉碎成粉状的生石膏，再煅烧，藏匿的水分子分阶段释放出来，先失去一部分水，成为组成是 $2CaSO_4 \cdot H_2O$ 的烧石膏粉（其中钙离子、硫酸根离子、水分子数目比是 2:2:1）：

$$2\,[\,CaSO_4 \cdot 2H_2O\,] \stackrel{\triangle}{=\!=\!=} 2CaSO_4 \cdot H_2O + 3H_2O$$

温度继续升高，烧石膏粉又会失去藏匿的其余水分子，变成不含结晶水的过烧石膏，即硫酸钙（$CaSO_4$）。如果在烧石膏粉（$2CaSO_4 \cdot H_2O$）中加入适量水，加入的水分子又会分散"躲藏"到烧石膏粉中，烧石膏粉就变回二水硫酸钙（$CaSO_4 \cdot 2H_2O$），凝固成为洁白的固体。

$$2CaSO_4 \cdot H_2O + 3H_2O =\!=\!= 2\,[\,CaSO_4 \cdot 2H_2O\,]$$

藏匿在石膏晶体中的水，仍然是水分子，只不过与钙离子（Ca^{2+}）、硫酸根离子（SO_4^{2-}）结合着。自然界中不少物质的晶体中都有藏匿着的水，它仍然以水分子存在，但与组成该物质的微粒结合着。科学家称这样的水为结晶水。含有结晶水的晶体，科学家称之为结晶水合物。结晶水合物中的结晶水看不见，但可以利用某种方法让它释放出来。结晶水的存在、形成与释放，不仅显示了水存在的一种状态，也可以使一些物质发生存在状态的变化。

许多晶体物质都存在结晶水。你见过蓝色的胆矾晶体吗？它的组成是 $CuSO_4 \cdot 5H_2O$。铜离子（Cu^{2+}）、硫酸根离子（SO_4^{2-}）与水分子数比是 1:1:5。如果加热胆矾，它也会分阶段放出结晶水，结晶水都放出来后，变成白色粉末，称为无水硫酸铜。

$$CuSO_4 \cdot 5H_2O \stackrel{\triangle}{=\!=\!=} CuSO_4 \quad + \quad 5H_2O$$
$$\text{（蓝色晶体）} \qquad \text{（白色粉末）} \quad \text{（水蒸气）}$$

无水硫酸铜如果遇到水，就会很快与水分子结合，把水分子藏匿起来，重新变成蓝色的晶体。

$$CuSO_4 + 5H_2O === CuSO_4 \cdot 5H_2O$$

（白色粉末）（水蒸气或水）（蓝色晶体）

人们利用这种变化，用无水硫酸铜粉末来检验某些液体或气体是否含有水或水蒸气。例如检验无水酒精中是否含有水分。

由于物质所处的状态受到温度、压力条件的限制，一些物质在温度、压力达到某个数值时，存在的状态就会发生特殊的变化。水在温度高于374℃、压强大于218atm（标准大气压，1atm=101.325kPa）时，液态和气态无法区分，成为超临界水。

超临界水，是超临界液体中的一种。超临界液体是物质在某个温度和压力下呈现的一种状态。某些气体或液体处于高于某一温度（临界温度，T_c）和压力（临界压力，p_c）而又接近该温度、压力时，会处于无法分辨是气态还是液态的特殊状态，这种状态称为物质的"超临界状态"，处于超临界状态的液体称为"超临界液体"（SCF）。例如，处于超临界状态的水，具有许多独特的性质，它的黏度很小，黏度和扩散系数接近水蒸气；它的密度和溶剂化能力接近液态水（但不同于水）；而且密度、扩散系数、溶剂化能力等性质随温度和压力变化十分敏感。当超临界水的密度足够大时，不仅一些常见的物质，如食盐、白糖等其中可以溶解，一些平时不溶于水的物质如汽油、白蜡等也可以变得像酒精一样和水完全混溶。

二氧化碳气体，在温度稍高于31℃、压力稍大于3MPa的条件下，也会处于超临界状态，兼有气液两相的双重特点。它的密度与液体接近，黏度近于气体，扩散系数为液体的100倍，具有惊人的溶解能力。超临界二氧化碳是一种廉价、高效、安全、无毒的溶剂，广泛用于提取植物有效成分的萃取剂。人们认为利用超临界液体进行萃取（SCFE）是物质分离技术中具有划时代意义的进步。

1.4 认识奇异的纳米材料

我们会看到冰冷坚硬的金属铁在高温下熔化成可以流动的熔融铁水。但是，当你看到一撮细细的铁粉从瓶子中抖落，发出闪烁的火花，发生自燃，你一定会惊奇。这些可以自燃的铁粉，其实是大小接近纳米级的铁的小颗粒。由于颗粒极小，有很大的比表面积，非常容易在空气中和氧气作用，氧化燃烧。它可以用一种称为草酸亚铁晶体（$FeC_2O_4 \cdot 2H_2O$）的物质，在隔绝空气下加热700℃左右，分解得到，它是极细的纯净的铁粉。

$$FeC_2O_4 \cdot 2H_2O \xlongequal{\triangle} Fe + 2CO_2 + 2H_2O$$

1.4.1 纳米颗粒与纳米材料

高科技产业中经常提到的纳米材料，是由某些物质的纳米级（1～100nm）大小的颗粒组成的材料。

自然界中也存在由纳米颗粒构成的天然纳米材料。科学家发现某些生物体内也存在天然纳米材料。比如，美国佛罗里达州海边刚孵出来的幼小海龟，会游到英国附近的海域寻找食物，生存和长大。长大的海龟还要再回到佛罗里达州的海边产卵，来回需五六年。海龟能够进行几万千米的长途跋涉，靠什么导向？研究发现，它们靠头部内的纳米磁性材料导航。生物学家在研究鸽子、海豚、蝴蝶、蜜蜂等生物为什么从来不会迷失方向时，发现这些生物体内也存在着某种纳米材料，可以为它们导航。

现代生产生活中应用的纳米材料，大都是人工制造的。研究发现，我国春秋战国到三国期间制成的一种古铜镜的表面层是由纳米晶体 $Sn_{1-x}Cu_xO_2$ 组成的。当然，那是人们在不知觉的情况下制成的。

1.4.2 纳米材料的奇异性质

纳米材料在熔点、蒸气压、光学性质、化学反应性、磁性、超导、塑性形变、吸收和吸附等许多方面都显示出特殊的性能。

纳米材料的熔点特别低，块状金的熔点是1064℃，纳米金只有330℃。利用这一特性，可以在低温条件下把各种金属烧结成合金，把互不相熔的金属冶炼成合金。

纳米材料的微粒尺寸处于纳米级，产生了体积效应、表面效应、量子尺寸效应、宏观量子隧道效应等一系列效应，使纳米材料有奇特的物理、化学和生物学特性。纳米粒子尺寸小，表面原子数迅速增加，纳米粒子的表面积、纳米粒子表面原子与总原子数之比随着粒径的变小而急剧增大。当纳米微粒直径是 5nm 时，组成材料的原子有一半分布在界面上。因此，表面的体积分数、表面能迅速增加。由于表面原子的晶体场环境和结合能与内部原子不同，表面的化学键状态和电子态与颗粒内部不同，表面原子周围缺少相邻的原子，有许多悬空键，具有不饱和性质，导致表面的活性位置增加，易于与其他原子结合而稳定下来，表现出很大的化学和催化活性。如镍或铜锌化合物的纳米粒子是某些有机物氢化反应的高效催化剂，可替代昂贵的铂或钯催化剂。纳米铂黑催化剂可以使乙烯氧化反应的温度从 600℃ 降低到室温。用纳米镍粉作为火箭固体燃料的反应催化剂，可以使燃烧效率提高100 倍。

利用纳米材料的各种特性可以制造纳米陶瓷、纳米半导体、纳米超导材料、纳米塑料、纳米医用材料。

例如，往陶瓷中加入或生成纳米颗粒，对现有陶瓷进行改性，使晶粒、晶界以及他们之间的结合都达到纳米水平，可以制得纳米陶瓷。纳米陶瓷的晶粒尺寸小，晶粒容易在其他晶粒上运动。具有极高的强度和高韧性，有良好的延展性、超塑性，使陶瓷具有像金属般的柔韧性和可加工性。航天用的氢氧发动机中，燃烧室的内表面需要耐高温，其外表面要与冷却剂接触。因此，内表面要用陶瓷制作，外表面则要用导热性良好的金属制作。科学家使金属和陶瓷接触面上的两种成分逐渐地连续变化"靠拢"，使两种材料接触部分的成分像一个倾斜的梯子变化，金属和陶瓷最终能结合在一起。这种"倾斜功能材料"烧结成形时，就能得到燃烧室内侧耐高温、外侧有良好导热性的陶瓷。用纳米二氧化锆、氧化镍、二氧化钛制成的纳米陶瓷对温度变化、红外线以及汽车尾气都十分敏感，可以用它们制作温度传感器、红外线检测仪和汽车尾气检测仪，其检测灵敏度比普通的同类陶瓷传感器高得多。

纳米粉末是一种介于原子、分子与宏观物体之间的固体颗粒材料。用具有特殊磁学性质的纳米粉末制造的磁性记录材料不仅声音、图像和信噪比好，而且记录密度高。在合成纤维树脂中添加纳米 SiO_2、纳米 ZnO 复配成的纳米粉体材料，经抽丝、织布，可制成杀菌、防霉、除臭和抗紫外线辐射的服装，也可制得满足国防工业要求的抗紫外线辐射的功能纤维。纳米颗粒粘接在一起，可以形成中间有极为细小间隙的颗粒膜或膜层致密的致密膜。纳米膜可用作气体催化反应（如汽车尾气处理）材料、过滤器材料、光敏材料、平面显示器材料、超导材料等。一种功能独特的纳米膜，够探测到由化学和生物制剂造成的污染，并过滤这些制剂，消除污染。

1.5　探究奇妙的同素异形现象

18 世纪，当人们发现璀璨晶莹的金刚石在放大镜聚焦的阳光下，竟然顿时消失化成气体，会惊奇得目瞪口呆。在现代，人们已经知道，那是再自然不过的事。金刚石与木炭一样也是由碳元素的原子结合形成，因此在空气中被加热到一定温度就会燃烧，生成二氧化碳气体。

由同一种元素的原子构成的物质，科学家称之为单质。同一种元素形成的不同单质，称之为同素异形体。同一种元素可以形成不同单质的现象，称为同素异形现象。

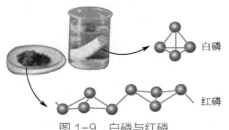

图 1-9　白磷与红磷

物质世界中，有许多同素异形现象。例如，氧元素的原子可以结合形成氧气（O_2）、臭氧（O_3），它们分别是氧元素的原子结合成的双原子、三原子分子。氧气是人们须臾不可缺少的，近地面、森林里低浓度的臭氧，可以杀灭空气中可能存在的细菌病毒，有益于保持空气的清新，高空中的臭氧可以抵挡来自太阳的紫外线，使地球上的生物得以健康生存。人们还利用臭氧来净水，杀菌消毒。但过高的浓度却对人体健康有害，在大气中还会与其他污染物作用，加剧大气污染。磷元素可以形成白磷、红磷、黑磷三种单质（图1-9显示了白磷和红磷的分子结构）白磷着火点很低（40℃），在空气中极易燃烧；露置在空气中会被氧气氧化，发出荧光（在暗处可以见到）。所以白磷要隔绝空气在低温处保存。红磷着火点较高（240℃），隔绝空气受热，可以转化为白磷。

1.5.1 碳的同素异形体

日常生活中，我们看到用到的炭粉、炭黑、木炭、焦炭、电池的石墨电极，都是由碳原子相互结合形成的单质。随着科学技术的发展，人们还发现，碳元素在自然界还可以富勒烯（Fullerene，包括 C_{60}、C_{70} 和单层或多层的纳米碳管）、石墨烯、C_2 分子（在含碳燃料的火焰中形成，十分不稳定）等单质存在。金刚石晶体无色透明，有光泽，十分坚硬，可切割玻璃、花岗岩。石墨灰黑色，质地较软，能导电，可做润滑剂和电极等。它们都是碳元素的同素异形体。

天然金刚石是碳元素在地球深部高温高压条件下，历经亿万年形成的，由于地壳运动从地球的深处来到地表，蕴藏在金伯利岩中。天然金刚石经工匠琢磨成钻石，成为奇珍异宝。人类在五千年前就从自然界得到金刚石，直到 1704 年，英国科学家牛顿才证明了金刚石具有可燃性，1792 年法国科学家拉瓦锡、1797 年英国科学家腾南脱，用实验证明金刚石是由纯净的碳组成的，金刚石和石墨是碳的同素异形体。1799 年，法国化学家摩尔沃把一颗金刚石转变为石墨。此后，激起了人们想把石墨转化为金刚石的兴趣。化学家莫瓦桑利用自己发明的高温电炉制得了碳化硅和碳化钙，并进一步试验制取氟碳化合物，希望除去氟制取金刚石，但没有成功。之后，他设想利用高温电炉，把铁化成铁水，再把碳投入熔融的铁水中，然后把渗有碳的熔融铁水倒入冷水中，想借助铁的急剧冷却收缩时所产生的压力，迫使碳原子有序地排列，最后用稀酸溶去铁，得到金刚石晶体。他和他的助手按这个构想方案一次又一次地做试验，但都未真正获得成功。限于那个时代的技术，制造人造金刚石的美好希望，无法实现。1955 年，美国科学家霍尔等在 1650℃和 95000atm 下，合成了金刚石。在类似的条件下实验重复多次都获得成功。产品经各种物理、化学检测，确证为金刚石。这是人类历史上第一次成功合成人造金刚石。这已是莫瓦桑逝世近半个世纪以后的事了。后来，在 2000℃高温和 $5×10^4$atm 下，人们得到了世界上第一批工业用人造金刚石小晶体，开创了工业规模生产人造金刚石的历史。不久，人们又发明了爆炸法，利用瞬时爆炸产生的高压、高温，也造出了人造金刚石。人造金刚石虽然质量、大小远不及天然金刚石，但制成的金刚石晶体颗粒和金刚石薄膜已广泛用于工业部门。金刚石薄膜的制造使金刚石不仅可以作为切削工具，还可以应用于半导体电子装置、光学声学装置、压力加工和切削加工工具。

从碳的同素异形体的结构示意图（图 1-10）可以观察到各种同素异形体中，碳原子彼此结合的方式、排列的方式不同。金刚石晶体中每个碳原子与相邻的 4 个碳原子以共价键单键结合，形成空间网状结构。石墨晶体具有片层状结构，片层内碳原子间以共价键结合，排列成平面六边形，一个个六边形排列成平面网状结构，各层间存在分子间作用力。石墨烯中，碳原子彼此结合形成二维层状结构。上面介绍的几种碳的同素异形体，碳原子互相结合，形成二维平面或空间网状结构、片层状结构。而 C_{60} 则是由 60 个碳原子形成的封闭笼状分子，形似足球，又称为"足球烯"；C_2 分子是由 2 个碳原子结合形成的分子。碳的各种同素异形体结构的揭示与科学家长期艰苦的研究、科学技术的发展分不开。例如，金刚石的晶体结构和石墨的层状结构，是 1910～1920 年间有了 X 射线晶体衍射技术之后才得到证实的。

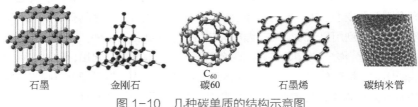

石墨　　　　金刚石　　　　C_{60}　　　　石墨烯　　　　碳纳米管
碳60

图 1-10　几种碳单质的结构示意图

1.5.2　锡的同素异形体

金属元素锡也有同素异形体——白锡和灰锡，常见的是白锡。白锡在 13.2～160℃性能最佳。温度超过 160℃，白锡会转变为一碰就碎的脆锡；在 13.2℃以下时，白锡开始缓慢转变为它的同素异形体灰锡，温度降到 -30～-40℃则会疾速转变。在转变过程中，锡原子之间的距离加大，锡的体积膨胀，密度降低。密度从 $7.298g \cdot cm^{-3}$ 降至 $5.846g \cdot cm^{-3}$ 时，体积增大约 20%，便崩碎成粉末。锡中若含有少量铝、铜、镁、锰、锌等杂质，转变变快；含铋、铅、锑、银、金等杂质，转变减慢，含量增到一定量时，可抑制转变的发生。粉末状的灰锡可重新熔化成为白锡。

白锡转变为灰锡的过程，像发生瘟疫一样。开始，在银白色的白锡上出现一些粉状的小点，小点逐渐蔓延扩大，变成小孔，小孔也继续扩大，内应力使金属锡碎裂成粉末，慢慢地蔓延，最后变成了一堆灰色的粉末。温度越低，这种转变越快。而且，变化具有"传染性"，白锡若沾上灰锡，哪怕只有一点点，即使不是在低温下，白锡也会被"传染"，开始碎裂，直到整块白锡全部变成灰色的粉末，这一现象被称为"锡疫"。

"锡疫"在19世纪到20世纪初期，造成了几起悲惨事件。1812年5月，拿破仑带领60万大军离开巴黎，远征俄罗斯。在短短的几个月时间里，法国军队在俄罗斯境内长驱直入，直捣莫斯科城，烧毁了四分之三的莫斯科城。在严寒的冬天里，俄罗斯采取坚壁清野策略，使远离本土的法军陷入粮荒，在暴风雪中大批军马死亡，许多大炮缺少马匹驮运只好毁弃。与此同时，拿破仑大军在零下二三十摄氏度的天气里，用专门定制的厚实的军大衣御寒，可是崭新的大衣却全无纽扣。后勤准备的大衣上的纽扣不翼而飞，暴风雪直灌进没有纽扣、如同斗篷的大衣里，士兵饥寒交迫，军心慌乱。1812年冬天，拿破仑被迫从莫斯科撤退，大批士兵活活冻死，60万大军只剩下了不到1万人。拿破仑大军的纽扣为什么会在不知不觉间失踪了？难道是俄罗斯在神不知鬼不觉的情况下剪掉了大衣的纽扣？当然不是。问题出在拿破仑大军的制服采用的是锡制纽扣。银白色坚硬的锡制纽扣在俄罗斯寒冷的冬天，得了"锡疫"，化为粉末。后来，在1867年的冬天，俄国彼得堡海军仓库里也发生类似的事件。堆在仓库内的大批锡砖，一夜之间全变成一堆灰色粉末，仓库管理员因此受到处罚。

1910 ~ 1912年，英国探险家斯科特（R. F. Scott, 1868—1912）去南极探险，他和四名助手于1912年1月到达了南极中心。可是返回途中，在严寒气候下用锡焊接的储存油罐破裂，燃油流失，食物被油污染，因冻饿而罹难。

1.6 给种类繁多的物质分类

生活在物质世界的人类，以自然界中的各种物质作为生活和生产的资源；利用自然界中已有的物质，制造、合成许许多多自然界中不存在的新物质，以满足人们生活的需求，促进社会的可持续发展。认识物质，必须了解物质的组成、结构、性质，以及它们可能发生的变化。我们知道，在自然界中存在的（非人工合成的元素）只有 90 多种。可是由这些元素组成的物质，形态和性质却十分多样。每一种物质都有特定的元素组成和结构，也有特定的性质特征。

面对无限丰富、无限多样的物质，如果要一种物质、一种物质地来认识、研究，一个人穷其一生也难以办到。幸好，人们在生活中、在生产实践中，学会了依据物质间的相似点和差异，把看似杂乱无序的物质世界加以分类，再做研究。找到同类物质间的相似性（共性）和差异（个性），发现不同类物质间的差异和联系，不仅可以大大提高认识和研究物质的效率，而且可以使纷繁复杂的物质世界有序化，构建物质世界的梯级系统，起到以简驭繁、一目了然的作用。

1.6.1 无机物与有机物

依据化学家的统计，具有特定元素组成和结构，因而有特定性质的物质（包括自然界中存在的和自然界中不存在靠人工合成的物质）多达 8000 多万种。其中很大一部分是组成中都含有的碳的化合物——有机化合物。19 世纪之前，人们把只能直接或间接从动植物体（有机体）中得到的物质称为有机物，以区别于从自然界中非生命体中可以获得的物质。那时，人们认为有机物只能直接或间接从生命体中获得，认为有机物与无机物截然不同，无法从无机物来制得有机物。

1824 年，德国化学家维勒打算用氰酸（$HCNO$）与氨水作用来制备氰酸铵（NH_4CNO）。他加热蒸干反应后的溶液，预料可以得到氰酸铵结晶。临睡前他停止加热蒸发，等待第 2 天清晨获得氰酸铵。不料，第二天得到的物质却与以前他制备的氰酸铵晶体不一样，是一种不同的针状晶体。他在得到的晶体中加入氢氧化钾溶液加热，没有放出氨气，说明得到的针状晶体不是氰酸铵。4 年后，他经过仔细研究，发现得到的是尿素 [$(NH_2)_2CO$]！尿素存在于许多动物的尿液中。一个成年人每天大约排出 30g 尿素，而维勒制得的尿素，与尿液中的尿素一模一样。维勒无意中用无机化合物氰酸与氨水制得了有机物尿素，说明有机物可以由无机物制备。他打破了当时统治着化学界的生命力论，打开了有机化学的大门。现在人们都知道有机化合物并非只能直接或间接从有机体得到，但习惯上还沿用"有机物"来称呼有机化合物。

有机化合物都是碳元素的化合物（不包括碳元素的氧化物、碳酸、碳酸盐等，它们习惯上归为无机化合物）。数千万种物质中，无机物目前只发现数十万种，其余都是有机化合物，据统计已知的有机化合物近8000万种。地球上所有的生命体中都含有大量有机化合物，动物体内的糖类、脂肪、蛋白质是有机化合物，植物体中的纤维素、绿色植物的叶绿素、植物体中的各种色素也都是有机化合物，生物体中存在的RNA、DNA，种类数量极大的酶，也都是有机化合物。化学家用化学方法每年合成出来的有机化合物多达百万种之多。可以说化学科学的建立与发展，创造了一个新的物质世界。

1.6.2 常见的物质分类系统

人们在实践中，最先认识到不同的物质有不同的性质，应当依据物质的性质来利用。以物质的性质特点给物质分类，成了人们的共识。随着科学技术的发展，人们逐渐认识到物质的性质决定于它的元素组成和结构，可以根据物质的组成、微观结构和性质分析物质间的相似性与差异性，给物质分类。把握同类物质在组成、结构和性质上的共同点，认识该类物质的组成、结构特点与性质间的关联，能从本质上了解物质组成、结构对性质（尤其是化学性质）的决定作用，可以更合理地使用物质。图1-11是化学家运用常见的物质分类方法建立起来的物质分类系统。

物质间往往互相分散、混杂在一起成为混合物，空气、土壤、大多数矿物都是混合物。但是，认识和研究物质，必须以纯物质为对象，才能得到正确的结论。因此，人们首先要分清混合物与纯净物。各种纯净物质都是一种或两种及两种以上的元素组成的。人们把一种元素组成的物质称为单质，由两种或更多种元素组成的纯净物质称为化合物。由两种元素组成的化合物中，其中一种元素是氧，则归为氧化物。由于有的氧化物只能与酸作用生成盐（如氧化钙），有的只能与碱作用生成盐（如二氧化碳），有的既能与酸也能与碱作用生成盐（如氧化铝），因此又可把氧化物分为酸性氧化物、碱性氧化物、两性氧化物三类。

还可以从分子组成及其在水溶液中能否形成自由移动的离子、形成什么样的阴阳离子来给物质分类。例如，由氢原子和酸根组成，在水溶液中可电离生成阳离子，且全部阳离子都是氢离子的化合物属于酸类。例如我们胃中存在的盐酸、食醋中含有的醋酸。酸有许多共同的性质特点，如水溶液呈酸性，能与活泼金属作用生成氢气。由金属原子和氢氧根组成，在溶液或熔融状态下可形成氢氧根离子，且生成的阴离子全部是氢氧根离子的化合物属于碱类物质。可以粉刷墙壁的石灰水，其主要成分氢氧化钙就属于碱。它们的水溶液呈碱性，能和酸作用，氢氧根离子与酸溶液中的氢离子结合成水，发生中和反应。由金属元素原子（或铵根离子）与酸根组成的化合物，则属于盐类。食盐、石灰石、胆矾的主要成分都是盐。酸、碱、盐各类物质，还可以依据组成或性质的差异再细分为若干小类。如，酸可以按分子中可电离出氢离子的个数分为一元酸、二元酸、多元酸，也可以按是否具有氧化性分为氧化性酸或非氧化性酸等等。

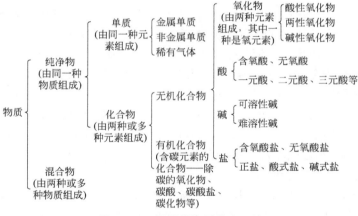

图 1-11　常见的物质分类系统

图 1-11 中所列的有机化合物，种类非常多，数目大大超过已知的无机物质。许多有机化合物的分子结构也十分复杂。化学家也是按它们的组成和分子结构特点给有机化合物分类。我们将在第 3 章，结合有机化合物分子结构的讲解来介绍有机化合物的分类。

1.6.3 认识物质类别与性质的重要性

不同类别的物质，元素组成、结构不同，性质有显著差异，即使是同一类物质，组成、结构和性质有相似的特征，但也不会完全相同，在性质上既有同类物质的共性，也有自己的特性。我们在同素异形现象、含不同同位素原子的同一种物质的性质差异中，已经做了一些初浅的介绍。

各种物质有自己的物理性质、化学性质，对人体健康、对环境的影响也有很大差异。我们在接触、使用各种物质时都要注意了解它们的性质特征。

例如，我们身边的空气是各种气态物质的混合物。小学科学常识、初中化学都介绍过，空气中有可供呼吸的氧气、性质不活泼的氮气、含碳物质燃烧和生命体在新陈代谢过程中释放的二氧化碳气体、水蒸气、少量的稀有元素气体等。我们也知道，大气中还可能分散漂浮着各种细小的固体颗粒、小液滴、微生物（细菌和病毒）、交通工具和工农业生产过程排放的各种有害气体和粉尘等污染物。空气中各种成分性质特点不同，对人、对生命体、对大气环境有着不同的影响。正确认识空气中各种组分的性质特点是非常必要的。我们每个人呼吸时吸入空气，只是利用其中的氧气，参与体内营养物质的氧化过程，以获得能量。空气中其他成分并不是人体新陈代谢过程所需要的。空气中氧气只占其总体积的约 1/5，剩下的大部分是氮气。人类长期生活在这样的大气环境下，已经适应了这样的氧气浓度。如果较长时间进入氧气浓度过高或过低的环境中，会影响正常的新陈代谢活动，感到不适，甚至危害健康。也有罹患某些疾病的人，需要吸入较高浓度的氧气，医生会让患者进入高压氧舱，吸入高压氧解决缺氧问题或获得好的抗菌效果。室内空气中的二氧化碳浓度太高（例如在密闭的教室或会议室中，人多又待得太久，人们的呼吸使二氧化碳浓度增高，氧气浓度下降），人会觉得不适。地球上许多地区的空气中存在各种大气污染物，大气污染物浓度大了，会危害人及各种动物的健康，影响农作物的生长。高科技领域中许多精密仪器设备和产品的制造，需要洁净的大气环境，必须严格清除空气中的污染物。在新型冠状病毒肺炎流传期间，要佩戴口罩防止细菌、病毒侵入呼吸道。

大气中存在的二氧化碳气体，能产生温室效应。依靠二氧化碳的温室效应，我们才不至于在缺少阳光的季节里受冷挨冻。但是，大气中二氧化碳浓度超常会引起增强的温室效应，影响全球的气候。空气中有一定浓度的水蒸气，保持一定的湿度，人们会觉得舒服。在十分干燥的季节或地区，或在湿度太大的地区、季节里，人们会觉得不舒服。空气中还存在少量的氦、氖、氩、氪、氙等稀有气体。它们在空气中含量低，化学性质稳定（很难与其他物质发生化学反应）。人们在发现、分离并研究了它们的性质之后，认识到它们也可以在许多领域发挥作用。例如，可以运用于照明设备制造、焊接的保护气体、太空探测。在深海潜水时，潜水员潜入深海所用的压缩空气是用氦气代替氮气来稀释氧气的浓度，既可避免氧气浓度太大发生氧中毒，又能避免因为氮气的分压太高，产生氮气麻醉症状。飞艇及气球采用氦气替代氢气，可以防止发生意外的燃烧爆炸事故。人们发现氡气具有放射性，才注意到室内装修要避免使用含有钍元素杂质的劣质装修材料，避免钍元素衰变释放氡气体对人体造成伤害。

现代生活中烹饪大都在厨房中进行，正确地辨别和使用厨房中的各种物品，是维持正常生活所必需的。例如，厨房中的各种容器、炊具，有铁和铝合金制品，有陶瓷制品、塑料制品，也有竹、木制品，由于制造材料不同，性质不同，使用的范围和方法也就不同。金属容器不能放在微波炉中加热。铝合金制品不能长时间盛装含酸的食品，不能用酸性、碱性的洗涤剂来刷洗。铁制品容易生锈，用后要擦洗干净，保持干燥。陶瓷制品一般比较硬、脆，经不起骤热骤冷，也经不起碰撞。塑料制品有的含有对人体有害的添加剂（如增塑剂），不能盛装食品，有的不耐热。食盐、味精、食用碱、洗涤用碱、去污粉都是白色粉末状的，前三种是调味品、食品添加剂，后两种是洗涤用品，不能错用；食用油、醋、酱油、鱼露等调味品与液态洗涤剂也要分清楚。这些物质有的属于酸类（如食醋是醋酸的稀溶液），有的是碱类或呈碱性的，有的是可食用的盐（食盐、小苏打），有的是不能食用的无机盐或有机化合物（如纯碱、肥皂和去污粉的主要成分）。它们的组成、性质不同，有的有腐蚀性，有的对健康有害。

日常生活中，面对各种需要利用的物质，必须有基本的物质分类，不同类别物质的组成、性质和使用的知识。在工农业生产、在科学研究领域，更需要对不同类别物质的组成、结构、性质和变化有更为深入的了解和认识。

化学科学研究物质的性质，一般要研究它的物理性质〔物质发生物理变化（没有生成新物质的变化）表现出来的性质〕和化学性质〔物质发生化学变化（有生成新物质的变化）表现出来的性质］，特别注重研究它的化学性质。例如，研究物质的化学稳定性（是否容易发生化学变化），与其他物质可能发生什么样的化学反应，在什么条件下会发生反应，会转化为什么物质，在反应过程中会发生什么样的能量变化。

化学家研究物质的化学性质，通常十分注意研究物质所属类别的共性以及它本身所具有的个性。此外，对于一些可能对人的健康、对环境会造成危害的物质，化学家也会给予关注，还会提出避免发生危害的建议或必要的措施。物质性质与变化的研究，为自然资源的科学、合理利用扩展了思路，开辟了实践的途径。例如，生产、生活中需要使用各种化石燃料（如煤及从石油提炼的汽油、煤油、柴油）燃烧为我们提供热量，但是燃烧生成的二氧化碳气体会增强温室效应，燃烧不完全还可能释放出一氧化碳、烟尘，化石燃料中含有的其他成分（例如硫、氮元素）在燃烧中也会生成大气污染物（如硫、氮的氧化物）。如果燃烧过程控制不好，或者意外失火，会酿成火灾等事故。化学家通过研究，认识到煤、石油通过特定的化学反应可以转化为各种煤化工、石油化工产品。利用这些转化反应得到的产品作为燃料，可以减少污染，提高燃烧效率；利用这些转化产品还可以制造塑料、合成橡胶、合成纤维，大大提高利用价值。

化学科学对物质性质和变化的研究，为人类社会发展和人们生活质量的提高做出的贡献，显示了化学科学的巨大魅力。

阅读本章后，你知道了什么？

纷繁复杂的物质世界是由化学元素构成的，种类有限的化学元素可以构成种类繁多、形态性能各异的物质。

1. 已发现的元素只有 118 种，但是可以由一种元素构成单质，也可以由两种或若干种元素构成化合物。即使相同种类的元素组成的物质也是多种多样的。

2. 化学元素的家族有众多成员，但它们的基本单位——元素的原子都有相似的结构特点，由原子核和核外电子构成。每种元素原子核中的质子数与核外电子数相同。不同元素原子核中的质子数（核外电子数）不同。元素原子核外电子的排布与运动状态是有规律的。除稀有气体元素外，多数元素原子核外电子层还没有形成稳定的结构，原子处于不稳定状态，它们倾向于通过彼此结合形成稳定的电子层结构，构成形形色色的物质。只有稀有元素的原子可以独立存在，集聚成稀有气体。可以说，宏观物质是化学元素存在的形式。

3. 由同一种元素组成的单质，分子中彼此结合的原子数目可能不同，原子的结合方式、在空间的排列也可能不同，可以形成各种同素异形体。由不同种元素形成的化合物，都有确定的组成和结构。化合物的组成元素不同、彼此结合的各元素的原子数目不同，结合方式不同，构成有不同结构与性能的物质。

4. 不少元素还具有同位素，如果考虑到组成物质中的同一元素的原子还可以是不同的同位素原子，那么，物质的多样性就更为丰富。

5. 许多物质在不同的条件（温度、压力）下，有不同的存在状态（如固态、液态、气态等），物质还可以有不同分散状态（如晶态、非晶态、形成胶体颗粒、纳米级微粒等），使物质世界更显得多姿多彩。

6. 19世纪前，人们认为有机物是生命体制造的物质，与无机物截然不同，无法从无机物来制造，化学界流传着生命力论。19世纪，科学家用实验事实证明有机化合物不是只能从有机体中获得的物质。有机化合物是由碳元素与氢等其他元素构成的化合物，可以由无机物来制造。有机化合物是种类、数量庞大的一大类化合物，也是当今世界新创造的物质种类最多的化合物。

7. 化学元素组成了具有各种不同性质的物质。化学家运用分类方法，研究种类繁多的物质，不仅大大提高了研究效率，也促使研究更加深入。可以依据物质的组成、结构和性质特点进行物质分类，建立井然有序的物质分类系统。研究各类物质的组成、结构和性质特点，可以帮助人们更好地利用物质，保护环境，提高人们的生活质量，促进社会的可持续发展。

2

探索微观结构奥秘
阐述微粒作用本质

元素的原子、离子和分子靠什么样的作用结合形成宏观物质呢？这种作用力来自哪里？这也是化学家研究物质及其变化关心的另一个重要问题。

2.1 物质间存在哪些作用力

世间万物中存在着作用力。物理学研究认为物质间存在的相互作用力有4种：万有引力、电磁作用力、强相互作用力、弱相互作用力。

物质间的4种相互作用力强度大小和作用范围差异很大。万有引力存在于一切粒子、一切物体之间。万有引力的强度非常之小，作用范围却非常大（理论上说可以延伸到无限远），引力的作用和物体的质量有关，质量足够大的宏观物体之间（如天体间），具有明显的万有引力。而微观粒子之间，这种作用力可以忽略不计。核外电子与原子核的质子、阴阳离子都带有电荷，这些微粒间存在的电磁作用力又称为库仑力。强相互作用力、弱相互作用力存在于构成原子核的粒子之间。图2-1借助物质间4种作用力的模型来说明它们的作用特征。

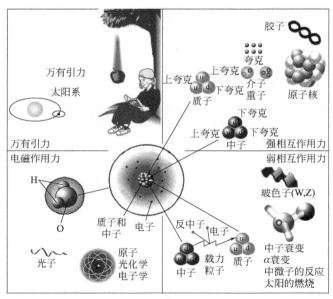

图 2-1 物质间的 4 种作用力

原子中原子核与核外电子的相互作用，离子化合物中阴、阳离子间的相互作用，原子间相互结合的作用力，物质分子间的相互作用，都属于电磁作用力。

2.2 微观粒子间的作用力来自哪里

微观粒子间的电磁作用力是怎么产生的？这个问题的解决，有赖于对原子结构的深入了解。

原子是带正电荷的原子核与带负电荷的核外电子组成的矛盾的统一体。核外电子在高速运转，相互间存在斥力，又受原子核中带正电荷的质子的电性作用力。电中性的原子，除了稀有元素的原子外，都处于不稳定的状态，它的存在与运动状态受外界条件包括温度、压强的影响。核外电子的运动状态会发生变化，或者使原子形成带电的阴、阳离子，彼此结合，或者原子间的电子层形成一定程度的重叠，相互结合，以达到比较稳定的状态。可以说，原子结构的不稳定性是原子彼此结合的原动力。

2.2.1 微观粒子的二象性

为什么说原子结构具有不稳定性？这种不稳定性与原子、阴阳离子间、分子间的相互作用或结合，又有什么关系？

原子结构的深入研究、物质微粒具有"二象性"的发现、原子核外电子运动状态的了解，为揭开上述问题之谜开辟了道路。

在自然界中，人们会观察到各种物质，也会观察到各种波，如水波、光波、电磁波。在我们观察的宏观世界里，物质的颗粒和各种波截然不同，可以分得清清楚楚。各种物质是由一个个微小的颗粒构成的，这些微小颗粒是实物，能穿过孔隙在空间直线传送，遇到障碍会被反弹。而自然界里的各种波和微粒完全不同。池塘中形成的水波，水在原处上下起伏，形成一圈圈的涟漪，这一圈圈的涟漪构成的水波可以向远处传播，但上下起伏的水并没有前移。风吹过大片麦田，麦浪滚滚，向前推进，但麦子并没有随着麦浪传送出去。波，无论是水波、声波，还是无线电波、微波炉产生的微波，都不是实物，但具有一定的能量。强烈噪声的声波传到我们的耳朵，能震破耳膜。大海的波浪可以吞没航船，超声波能切削金属。波是具有一定能量的场。波的传送，实际上是能量的传送。当光波穿过一个非常小的孔隙（或者遇到一个小小的障碍物）射向靶子时，如果小孔或障碍物的尺寸跟波长相近，在靶子上就会出现一些明暗相间的复杂图样，形成一圈一圈的明暗相间的环状图样（称为衍射环），产生光的干涉、衍射现象。波具有干涉和衍射的特性。

　　但是，科学家发现，在微观世界里，质子、中子、电子、光子等微粒，既显示粒子的性质也显示波的特征。例如，光是电磁波，光又是由称为光子的微观粒子构成的。光子能直线传播，能穿过孔隙，遇到障碍能被反射。当用高于某个特定频率的光照射某些金属时，光子的能量可以被金属中的电子全部吸收，当电子的能量增大到足以克服原子核对它的引力，就能在十亿分之一秒时间内飞逸出金属表面，成为电子流（这种现象称为光电效应）。入射光子的数量愈大，飞逸出的光电子就愈多。光电效应表明光具有粒子性。光的传播又能产生光的干涉、衍射现象，具有波的特点。事实证明，光子具有典型的波粒二象性。

　　与光子相似，原子核外的电子也具有波粒二象性。科学家可以利用光谱分析等多种方法研究原子核外电子的运动状态，运用量子力学理论，研究微观粒子的运动状态。科学家波尔正是运用量子力学的理论研究太阳氢原子发射光谱，提出了他的原子结构模型。

2.2.2　原子核外电子的运动状态

　　我们已经知道，元素原子核外高速运转的电子有一定的能量，在离核远近不同的原子轨道上高速运转。多数元素的原子中有多个电子，在不同的原子轨道上运转的电子能量的变化是不连续的（是量子化的），呈现一定的能级差。运用量子力学研究多电子原子，说明原子核外有若干个能级不同的、空间取向不同的原子轨道。例如，有 1 个 s 轨道、3 个 p 轨道、5 个 d 轨道、7 个 f 轨道……。每个原子轨道上只能允许有两个自旋方向相反的电子。当一个原子轨道上填充了两个自旋方向相反的电子，构成电子对时，比只有一个未成对电子的稳定性较大。s 轨道的电子云呈球形；p 轨道呈哑铃形，3 个

p 轨道的电子云分别沿着互相垂直的空间坐标系的 *x*、*y*、*z* 轴伸展；5 个 d 轨道、7 个 f 轨道的电子云形状和伸展方向较为复杂。图 2-2 显示多电子原子核外电子在不同能级的原子轨道上运转形成的电子云的图像。

离核越远的原子轨道上运动的电子，能量越高，原子轨道的能级也越高。在一定能级的原子轨道上运动的电子既不释放出能量，也不会吸收能量，不会辐射电磁波。但是，处于能量较低状态的原子（基态原子）受到外界能量的激发，在某个原子轨道上运转的电子可以吸收或释放光子，在原子轨道上跃迁，使原子处于能量较高的激发态。跃迁到较高能级轨道的电子所吸收的光子的能量等于两个原子轨道的能级差。处于激发态的原子不稳定，跃迁到较高能级轨道上的电子，将很快以光子的形式释放出能量，落回能级较低的轨道上。释放出的光子，形成电磁波（光波）。由于光子能产生光的干涉现象，所以用光谱分析技术，使用光谱分析仪器，可以获得原子的发射光谱。通常可以将待分析的物质置于电极上并用光源（如电弧或火花等）激发，使之发光，让发出的光线经由狭缝、光栅（或棱镜）等仪器组成的光谱仪形成光谱，用照相或光电方法记录下来，就得到该物质的发射光谱。图 2-3 显示通过光谱仪获得的氢原子发射光谱。发射光谱是一系列有特定频率和强度的明亮谱线。不同元素原子的发射光谱有不同的特征，分析其谱线，可以获得原子核外电子排布的信息。氢原子核外只有 1 个电子，测定氢原子的发射光谱，是了解原子结构的基础。

原子中带正电荷的原子核与带负电荷的核外电子，存在静电引力，核外电子能比较稳定地围绕原子核高速运转，不至于落到原子核中，也不至于逃离核外空间。这是为什么？

人们一般认为，处于一定运动状态的电子，带有与生俱来的能量，有着脱离原子核的趋势，但是这种趋势与它们间的电磁相互作用力（静电引力）取得平衡，电子能保持恒定的运动状态，与原子核构成一个相对稳定的统一体。只有当原子受到一定的外力作用时，在一定轨道上运动的电子释放或吸收了一定量的能量，才会在不同能级的轨道上跃迁。此外，在一定条件（一定的温度和压力）下，核外电子也可能脱离原子核成为自由电子。在压力极高时，核外电子也可能会被压进原子核，与质子中和成为中子。宇宙中的中子星，整个星球就是由中子组成的大原子核构成的。

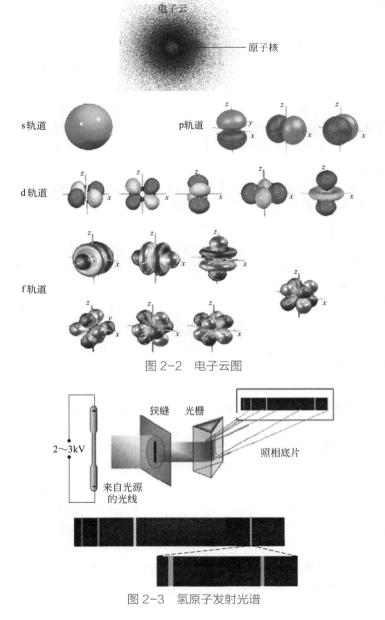

电子云

原子核

s轨道

p轨道

d轨道

f轨道

图 2-2　电子云图

2~3kV

狭缝　光栅

照相底片

来自光源
的光线

图 2-3　氢原子发射光谱

目前，要明确回答为什么原子中带正电的质子与带负电的核外电子之间的电磁作用力不会把电子吸引到原子核内，是什么力量约束着电子和原子核这种关系、支撑着原子不垮塌，还是非常困难的。

微粒间的电磁作用力与所带电荷大小成正比，与距离的二次方成反比。不同元素的原子，原子核中的质子数不同，所带的核电荷数、核外电子层数与核外电子数都不同。而且，不同元素原子的半径大小也不同，原子核与核外电子的作用力大小也不同。元素原子中，外层原子轨道的电子与处于内层原子轨道上的电子相比，受到核的作用力较小，稳定性相对较小。由于元素原子最外层原子轨道上的电子与原子核的作用力弱，容易改变运动状态，引发化学反应，被称为价电子（有些元素次外层原子轨道上的部分电子也属于价电子）。

2.2.3　核外电子运动状态对元素性质的影响

无数事实说明，元素原子核与核外电子的电磁作用力大小是影响元素性质的重要因素。有的元素原子核电荷数相对较大、原子半径较小，原子核与核外电子的电磁作用力大，不仅不容易失去核外电子，还容易吸引其他元素原子的核外电子，具有强的化学活动性，呈现出典型的非金属性，例如氟、氧、氯等非金属元素。有的元素原子核电荷数相对较小、原子半径较大，原子核与核外电子的电磁作用力相对较弱，容易丢失核外电子，也具有较强的化学活动性，呈现典型的金属性，如钠、钾等活泼金属元素。

不同的金属元素或非金属元素，原子核与核外电子的作用力强弱有差异，丢失或获得电子的能力也有差异，导致金属性、非金属性强弱也有差异。如金属钠的金属性比钾弱，氟的非金属性比氯元素的强。因为，钾元素与钠元素相比，钾原子核电荷数比钠的大，核外电子层数（4）比钠（3）多，原子半径增大，原子核与核外电子的作用力减弱，最外层电子失去能力逐渐增强，电离出电子需要吸收的能量逐渐减小，所以比较容易失去电子成为阳离子，金属性比钠更强。又如，碳元素的原子与氧元素的原子相比，半径较大，原子核中质子数、核外电子数比氧原子少，核对核外电子的电磁作用力小，因此，不像氧原子那样容易从别的原子获得电子成为阴离子，非金属性比氧弱。

有的元素原子核对核外电子作用力强，每个原子轨道上都填充有两个自旋方向相反的电子，处于比较稳定的状态，很难失去核外电子，也很难从其他元素原子获得核外电子，一般也不容易和其他元素原子共用核外电子，化学性质不活泼，处于比较稳定的状态，如稀有气体元素氦、氖等。

2.3 微粒怎样结合成宏观物质

元素原子核外电子运动状态影响着元素的性质、原子结构的稳定性，也影响着元素原子间的相互作用、相互结合的方式。科学家研究发现，原子、分子、离子间都是靠静电作用力相互作用结合的，但相互作用、相互结合的方式却不相同。有的元素原子可以形成阴、阳离子，靠阴、阳离子间的静电作用相互结合形成宏观物质，如钠元素原子和氯元素原子，形成钠阳离子和氯阴离子结合成氯化钠。有的元素原子间可以直接相互结合形成分子，大量的分子聚集成宏观物质，例如碳元素原子和氧元素原子结合成二氧化碳分子，大量二氧化碳分子聚集形成二氧化碳气体；有的元素原子间可以按一定方式相互作用，在空间按一定规则排列形成宏观物质，例如氧元素原子与硅元素原子相互作用，在空间按一定规则排列，构成石英（二氧化硅）晶体。

2.3.1 离子化合物中阴阳离子的相互作用

活泼金属元素（如钠、钾、镁等）原子的原子核与核外电子的电磁作用力相对较弱，容易丢失核外电子中易失去的价电子，形成较为稳定的金属阳离子。非金属元素原子核电荷数相对较大、原子半径较小，原子核与核外电子的电磁作用力大，不仅不容易失去核外电子，还容易吸引其他元素原子的核外电子，呈现出典型的非金属性（例如氟元素、氧元素、氯元素等），容易结合电子，形成较为稳定的阴离子。带不同电性的阳离子和阴离子，靠近到一定距离时，不同电性的离子间产生的引力与离子核外电子间的斥力达到平衡，阴、阳离子就处于相对稳定的状态，彼此结合成离子晶体。离子晶体中直接相邻的阴阳离子间的作用称为离子键。氯化钠晶体（图 2-4）就是一例。阴阳离子靠离子键的作用结合形成的化合物，称为离子化合物。离子化合物种类很多。人们熟悉的耐火材料氧化镁（MgO）是由镁离子（Mg^{2+}）与氧负离子（O^{2-}）构成的离子化合物。碳酸钙是由钙离子（Ca^{2+}）与碳酸根阴离子（CO_3^{2-}）构成的离子化合物。碳酸根阴离子是由碳原子、氧原子构成的带两个单位负电荷的原子团，在化学反应中可以保持原来的结构，整体转移到生成物中。离子

图 2-4　氯化钠晶体的结构

化合物中，这样的原子团在化学上称为"根"。如，氢氧根（OH^-）、硝酸根（NO_3^-）、碳酸根（CO_3^{2-}）、硫酸根（SO_4^{2-}）、铵根（NH_4^+）等。离子化合物溶解在水中，在水分子的作用下，阴、阳离子间的作用力被削弱，形成能自由移动的水合离子。海水中的大量钠离子（Na^+）、氯离子（Cl^-）就是氯化钠溶解在水中形成的。

　　离子化合物中阴阳离子间的作用力与阴阳离子的半径成反比，与离子电荷的乘积成正比。离子所带电荷越高，离子半径越小，作用力越大，离子键越强。离子晶体中阴、阳离子间相互作用力越大，拆开它们所需的能量越大，离子晶体的熔点越高、硬度越大。如，NaCl 与 MgO 相比，后者的离子键强度更大，熔点也更高。NaCl 熔点是 801℃，MgO 熔点高达 2852℃。MgO 是一种优良的耐高温材料。NaCl 受热比 MgO 容易熔化，熔融的 NaCl 是由自由移动的钠离子、氯离子组成的，可以导电。

2.3.2　金属单质中原子的相互作用

　　金属单质中金属原子间的作用力是另一种类型，称为金属键。固态金属中，金属原子按一定的方式在三维空间紧密堆积，形成金属晶体。金属晶体具有紧密的空间结构，每个金属原子都有尽可能多的相邻原子，最外层的原子轨道有较大程度的重叠，金属原子的价电子为整个晶体的金属原子共同拥有，使最外层的原子轨道连接起来，这些共有的价电子可以在晶体中自由移动，也称为自由电子。由于自由电子不再固定于晶体某一原子的位置上，晶

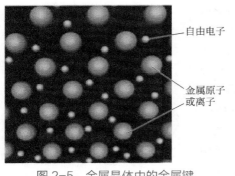

自由电子

金属原子
或离子

图 2-5　金属晶体中的金属键

体中失去了价电子的金属原子成为正离子，嵌镶在自由电子形成的电子云中，并依靠与这些共有的电子的静电作用而相互结合（图 2-5）。所以，以金属键结合的物质具有很好的导电性能。在外加电压作用下，这些价电子就会运动，并在闭合回路中形成电流。金属晶体中阳离子之间改变相对位置并不会破坏电子与阳离子的作用，因而金属有良好的塑性（延展性）。此外，一种金属的阳离子被另外一种金属阳离子取代也不会破坏金属键，因此不同金属可以形成固溶体（合金）。

2.3.3　分子中原子是怎样相互结合的

分子中原子间的相互作用力，被称为共价键。共价键的作用力，也是静电作用力。这种作用力是怎么形成的呢？以氢原子结合形成氢分子为例，可以做如下说明。

氢原子核外只有 1 个未成对电子，如果两个氢原子的电子的自旋方向相反，当它们接近到一定距离时，两个原子核外电子的原子轨道会发生重叠，形成 1 对自旋方向相反的共用电子对。在两个原子核间电子出现的机会增大，电子云密度增加，两个原子的原子核与共用电子对的作用力增强，当两个原子的距离达到一定范围，原子间的电性引力与斥力达到平衡，体系的能量处于最低状态，两个氢原子就能稳定结合成氢分子。两个原子间，靠核外最外层原子轨道重叠，未成对电子形成共电子对，使原子间彼此结合的作用称为共价键。氢分子是两个氢原子以一个共价键相结合而成的。

水分子中氢原子与氧原子的作用力，一氧化碳分子或二氧化碳分子中，碳原子与氧原子间的作用力，甲烷分子中碳原子和 4 个氢原子间的作用力都是共价键。水分子中，每个氢原子与氧原子间也形成一对共用电子对，水分子中的两个 H—O 共价键，使三个原子结合起来形成 "V" 形的水分子。图

2-6 用电子式、结构式表示水分子中氢原子和氧原子间的共价键。

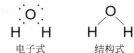

图 2-6　水的电子式、结构式

共价分子都可以像图 2-6 那样以电子式、结构式来表示它们的分子结构，能清晰地说明分子中哪些原子间存在共价键。电子式是用写在彼此结合的原子间的一对小黑点表示一对共用电子对，电子式中要用小黑点把各原子的最外电子层上的电子都表示出来。结构式用一条短线段，来表示互相结合的原子间的一个共价键。图 2-7 是氯分子、氮分子、甲烷分子、二氧化碳分子的电子式与结构式。

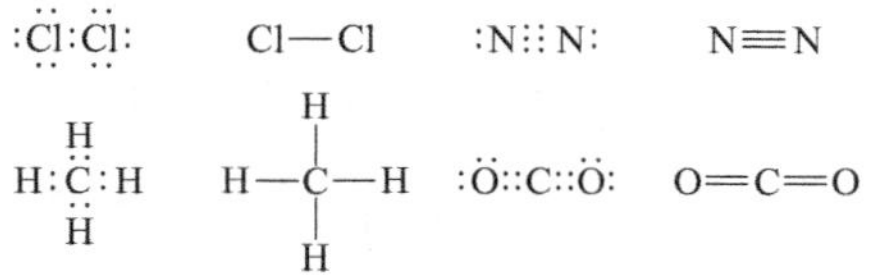

$$:\!\overset{..}{\underset{..}{Cl}}\!:\!\overset{..}{\underset{..}{Cl}}\!: \qquad Cl\!-\!Cl \qquad :N\!::\!N: \qquad N\!\equiv\!N$$

$$H\!:\!\overset{\displaystyle H}{\underset{\displaystyle H}{C}}\!:\!H \qquad H\!-\!\overset{\displaystyle H}{\underset{\displaystyle H}{C}}\!-\!H \qquad :\!\overset{..}{O}\!::\!C\!::\!\overset{..}{O}\!: \qquad O\!=\!C\!=\!O$$

图 2-7　氯分子、氮分子、甲烷分子、二氧化碳分子的电子式、结构式

每种元素的原子有几个未成对电子，通常就只能和几个自旋方向相反的电子形成共价键。所以在共价分子中，每个原子形成共价键的数目是一定的，呈现饱和性。形成共价键时，两个参与成键的原子轨道总是尽可能沿着电子出现机会最大的方向重叠成键，因此一个原子与周围原子形成的共价键就表现出方向性。如图 2-8 用模型图表示原子轨道重叠形成稳定的共价键的几种形式。球形对称的 s 轨道与 s 轨道重叠形成的共价键无所谓方向，称为 σ 键；p 轨道与 p 轨道重叠，可以有头碰头和肩并肩两种形式，分别称为 σ 键、π 键；s 轨道和 p 轨道形成的稳定共价键是 σ 键。成键的两个原子，原子轨道重叠越多，电子在两核间出现的机会越多，体系的能量下降也就越多，形成的共价键越牢固。原子轨道重叠的程度越大，共价键的键能越大，两原子核间的平均间距（称为键长）越短。

当原子间形成共价键时，若两个成键原子吸引电子的能力相同，共用电子对不发生偏移，这样的共价键叫做非极性共价键（非极性键）；若两个成键原子吸引电子的能力不同，共用电子对发生偏移，这样的共价键叫做极性共价键（极性键）。氯气分子、氮气分子中的共价键是非极性键，氯化氢分子中氢原子与氯原子之间的共价键是极性键。在极性共价键中，成键原子吸引电子能力的差别越大，共用电子对的偏移程度越大，共价键的极性越强。通常可以根据元素的电负性差值来判断键的极性。一般情况下，两种成键元素间的电负性差值越大，它们形成的共价键的极性就越强。

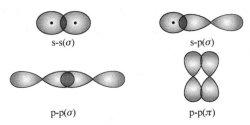

s-s(σ)   s-p(σ)

p-p(σ)   p-p(π)

图 2-8　原子轨道重叠形成共价键的几种方式

　　由于氯化氢分子中，电子云分布不均匀，氯原子一端稍带负电性，氢原子一头稍带正电性，因此氯化氢是一个极性分子。氯分子中电子云在两个原子间分布均匀，是非极性分子。图 2-9 中氯气分子中正负电荷分布均匀；氯化氢分子中，氢原子一端略显正电性，氯原子一端略显负电性，所以它是极性分子。水分子中，氧原子对共用电子对的吸引力较氢原子大，氢、氧原子间的共用电子对偏向于氧原子，负电荷较多地分布在氧原子一端，所以水分子也是极性分子。图 2-10 显示水分子中正负电荷的分布情况。

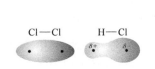

Cl—Cl　　H—Cl
$\delta+$　$\delta-$

图 2-9　Cl_2、HCl 分子中共用
电子对电子云

H
H—O

图 2-10　水分子中正负电荷的分布

　　一些非金属元素原子间可以通过共价键，把大量原子按一定规则彼此连接起来，在空间按一定规则排列形成宏观物质。例如，金刚石中每个碳原子与相邻的其他 4 个碳原子分别形成一个共用电子对，即形成 4 个共价键，大量碳原子依照这种方式结合形成一个庞大的共价晶体。石英（SiO_2）也是由

大量硅原子（Si）和氧原子（O）以 1 : 2 的原子数比，通过硅氧原子间的共价键彼此结合形成的。

相互结合的两个原子间的共价键，也可以由其中一个原子单独提供一对电子与另一个原子共用。这样形成的共价键称为配位键。例如，氨（NH_3）分子与氢离子（H^+）形成 NH_4^+，形成的 N—H 键，是由氮原子的孤电子对提供的，是配位键（图 2-11）。

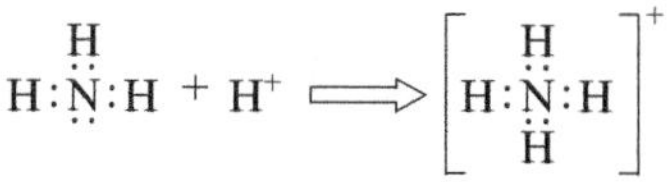

图 2-11　铵根离子的形成

我们知道碳原子最外电子层只有两个未成对电子，按共价键形成的理论，一个碳原子只能形成两个共价键。但是，碳原子却可以以 4 个共价键与其他原子结合。这是为什么？

化学家鲍林提出的轨道杂化理论，比较完满地解释了碳原子可以形成 4 个共价键的问题。碳原子核外有 6 个电子，第 1 个电子层上只有 1 个 s 轨道（1s 轨道），有两个成对电子，第 2 电子层，即碳原子的最外电子层上的 s 轨道（2s 轨道）上有两个成对电子，3 个 p 轨道（2p 轨道）中的两个 p 轨道上各有一个未成对电子，还有 1 个 p 轨道没有电子（称为空轨道）。碳原子与 4 个氢原子结合时，碳原子最外电子层（第 2 电子层）的 s 轨道（2s）上成对电子中的 1 个，跃迁到没有填充电子的 2p 轨道上。这样，碳原子最外电子层上就有了 4 个未成对电子，能分别与 4 个氢原子的核外电子形成电子对，形成 4 个共价键。在形成 4 个共价键时，2s 轨道与 3 个 2p 轨道发生"混合"，重新形成 4 个能量相等、成分相同的杂化轨道（称为 sp^3 杂化轨道）。这 4 个 sp^3 杂化轨道分别与 4 个氢原子的核外电子的原子轨道重叠，各形成一对共用电子对，构成能量相同、键长相等的 4 个 σ 键。4 个共用电子间存在斥力，使它们在空间的分布指向正四面体的 4 个顶点，C—H 键之间的夹角（键角都是 109° 28′）使斥力最小，有利于形成稳定的结构。图 2-12 表示甲烷分子的形成过程。

杂化轨道是由中心原子中能量相近的不同轨道在外界的影响下发生的，参加杂化的原子轨道数目与形成的杂化轨道数目相等。不同类型的杂化轨道，空间取向不同。分子中的杂化轨道可能被未与其他原子共用的成对电子或单个未成对电子填充。杂化轨道在空间分布的角度上，比单纯的原子轨道更为集中，因而中心原子的杂化轨道与其他原子的原子轨道发生重叠时，重叠程度会更大，因而更有利于形成共价键。

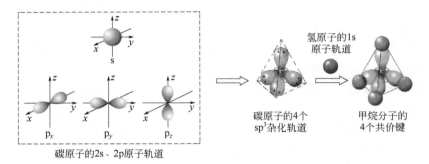

图 2-12　甲烷分子中杂化轨道的形成

分子中中心原子可以利用最外层的 s 轨道和不同数目的 p、d 等原子轨道形成各种形式的杂化轨道。图 2-13 展示了由 s 轨道和不同数目的 p 轨道形成的杂化轨道。

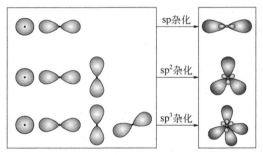

图 2-13　几种杂化轨道

科学家用共价键理论说明原子间彼此结合的作用力。共价键理论是逐渐发展形成的。先由路易斯提出来的共价键概念。路易斯的共价键概念认为，原子最外层达到 8 电子时是稳定结构（氢原子除外，是 2 电子）；原子间形成共价键时，可通过共用电子的方式使最外层达到 8（或 2）电子稳定结构。用这一概念解释核电荷数小于 20 的元素原子间的共价键的形成，是不会有问题的，但它不能解释为什么共用电子对能使两个原子牢固地结合，许多化合物的中心原子的外围电子数超过 8 个却仍然很稳定的事实。随后科学家应用量子力学理论来研究分子结构，建立了现代价键理论（又称为电子配对理论）、分子轨道理论。我们现在所理解的共价键理论的基础知识，实际上是综合了这些理论中被广泛接受的最核心的概念。

无论是离子化合物中的离子键、共价分子或共价晶体中的共价键、金属晶体中的金属键，都是物质中直接相邻的原子或离子间存在的强烈的相互作用，这种作用统称为化学键。化学键实质上是微粒间的静电作用力。

2.3.4 物质分子间的相互作用

物质有三态变化，如液态水可凝结成固体的冰或蒸发成水蒸气；氧气在常温常压下是无色气体，当加压降温时可变成蓝色液体或雪状固体；固态的二氧化碳（干冰）在常压下，−78℃时就能升华成气态二氧化碳。物质在不同温度、压力条件下，聚集状态发生改变，是由于物质分子间作用力发生了改变。不同物质分子间作用力的大小不同，分子间作用力或作用的效果会随着外界温度、压力的变化而变化。物质分子间的作用力是怎么产生的？为什么不同物质分子间作用力不同？为什么外界条件改变，物质的存在状态会发生改变？

科学家研究证明，呈电中性的分子等微粒间在一定距离范围（通常，分子间距离小于分子半径的 10 倍以内）也存在微弱的相互作用，这种作用力也是静电作用力，科学家称之为范德华力。

分子间的范德华力是怎么产生的？

原子、分子都是由带正电荷的原子核和带负电荷的电子组成的体系。有的物质分子中电荷分布均衡，分子的正电荷中心与负电荷中心重合，成为非极性分子（如二氧化碳和甲烷）。有的分子中电荷的分布不均匀，分子的正电荷中心与负电荷中心不重合，产生偶极，使分子一头略带负电荷，另一头略带正电荷，成为极性分子（如水分子、氯化氢分子）。

两个极性分子的偶极，同极相斥，异极相吸，两个分子必将发生相对转动，使偶极子相反的极相对，发生"取向"。取向作用使相反的极相距较近，同极相距较远，结果引力大于斥力，两个分子靠近，当接近到一定距离之后，斥力与引力达到相对平衡。因此，极性分子间存在电磁力。分子的极性越大，这种作用力也越大；温度越高，这种作用力越弱。

极性分子和非极性分子间也存在电磁力。因为极性分子偶极所产生的电场对非极性分子发生影响，使非极性分子中的电荷分布发生变化，变得不均匀，即电子云被吸向极性分子偶极的正电的一极，发生变形，使非极性分子的电子云与原子核发生相对位移，分子中的正、负电荷重心不再重合，分子一端带正电，另一端带负电，形成诱导偶极，从而使得极性分子与非极性分子间也产生电磁作用。

两个非极性分子间也可能形成电磁作用。因为分子中的电子运动状态会受到另一分子的影响，造成暂时性的电荷分布不均匀，形成分别带正负电荷的两极（瞬间偶极），产生电磁作用。

极性分子间作用较强，相互作用的距离范围较大。极性分子与非极性分子间作用较弱，作用范围也较小。非极性分子间的作用最弱，仅在两个分子很接近时才起作用，但它普遍存在于分子间。

总之，范德华力的产生有三种因素：分子中电荷分布不均匀的极性分子（如 HCl 等）之间，带异号电荷的一端会互相吸引，产生静电作用使分子按一定的取向排列［图 2-14（a）］，体系处于比较稳定的状态；电荷分布均匀的分子（如 N_2、CO_2 等），由于核外电子的运动，分子中电子产生的负电荷重心与原子核产生的正电荷重心可以在某个瞬时不重合，引起分子中电荷分布不均匀，分子间带异号电荷的一端也会互相吸引，产生静电作用力［图 2-14（b）］；电荷分布均匀的分子受到电荷分布不均匀的分子的作用，分子中的负电荷重心和正电荷重心也会变得不重合，两个分子带异号电荷的一端也互相吸引，产生静电作用力［图 2-14（c）］。

极性分子存在偶极，非极性分子也会形成瞬间偶极，可以通过实验来证实：如果让水或四氯化碳以线状的细流从一个尖嘴玻璃管慢慢下流，用丝绸摩擦过的玻璃棒接近水或四氯化碳，发现水或四氯化碳会向靠近玻璃棒的方向偏移。这是因为极性的水分子在电场中，以带负电荷的一极朝向带正电荷的玻璃棒，并被吸引。而非极性的四氯化碳分子在电场中，也会产生诱导的偶极，也同样受到电磁作用力，发生偏转。

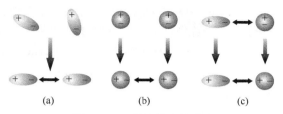

图 2-14 范德华力的产生

　　范德华力既有引力也有斥力，分子间的引力随着分子间距离的增大而减小（与距离的 6 次方成反比），分子间的斥力一般要小于分子之间的平衡距离才能表现出来。分子间斥力也随着分子间距离的增大而减小（但是，与距离的 12 次方成反比）。图 2-15 的曲线说明了分子间的范德华力（引力、斥力与它们的合力）与分子间距离的关系（图中 r_0 表示分子范德华半径——分子间引力与斥力平衡时分子间的距离）。

　　范德华力比分子内原子间的化学键作用力小得多，但是大量分子间的相互作用则是不可忽视的。同种物质分子间距离一定时，范德华力大小也是一定的。由分子组成的物质在低温时，由于分子能量降低，运动速率下降，当分子间的距离小于分子半径的 10 倍以内，就产生范德华力，使之凝聚成为液态或固态。因此，大量的分子在一定温度、压力条件下，靠分子间作用力能聚集形成分子晶体。不同物质分子间的范德华力大小不同，常温下存在的状态也不同。例如二氧化碳分子在低温下可以通过分子间的范德华力构成分子晶体，成为固态的干冰（图 2-16）；干冰非常容易气化，常温常压下二氧化碳以气态存在。

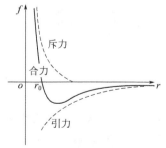

图 2-15　范德华力与分子间距离的关系

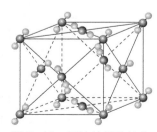

图 2-16　干冰的晶体结构

分子间、物体表面间的范德华力以各种不同方式出现在自然界中。例如，蜘蛛和壁虎就是依靠范德华力才能沿着平滑的墙壁向上爬；我们体内的蛋白质分子间也存在范德华力，它是导致蛋白质分子折叠成复杂形状的因素之一。

2.3.5　奇妙的氢键

科学家研究微粒间的相互作用，发现在某些物质的分子间或分子内还存在特殊的作用。例如，在液态水中，水分子不是以单个分子聚集的，而是由若干水分子联成复杂分子形成缔合水分子（H_2O）$_n$，n 的数目可以是 2、3……，水分子的缔合不会改变水原有的化学性质，但对液体的密度、沸点等有影响。降低温度，有利于水分子的缔合。温度降至 0℃时，全部水分子结成巨大的缔合物——冰。冰晶体中水分子以氢键结合（图 2-17）。水分子间存在很大的空间，使冰的密度下降。

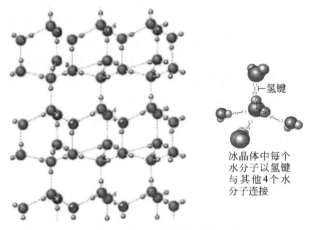

氢键

冰晶体中每个水分子以氢键与其他 4 个水分子连接

图 2-17　冰的晶体结构

某些含有氢原子的共价化合物分子中非金属元素 X 的非金属性强，与电子的结合力强（电负性大），使得它与氢原子间的共价键（X—H）的共用电子对强烈靠近 X 原子一边，与之结合的半径很小又没有内层电子的氢原子几乎成为"裸露"的质子。附近另一个化合物分子中含有孤电子对并带部分负电荷的非金属原子（Y，也可以是上述化合物中的 X 原子）有可能充分靠近它，从而产生静电吸引作用，以 X—H⋯Y 的形式结合。其中 X—H 分子（实线段表示共价分子中的共价键）中的带部分正电荷的氢原子与另一个同种（或不同种）的共价分子中的非金属原子形成氢键（虚线段表示）。氢键也是静电作用力。

不仅水分子间存在氢键作用，氟化氢分子（HF）、氨分子（NH_3）、乙醇分子（C_2H_5OH）都能形成氢键。某些分子内，例如 HNO_3 分子可以形成分子内氢键。分子间也能产生氢键。尿素［$CO(NH_2)_2$］分子中有两个氮原子和一个羧基氧原子，尿素分子间氮原子与氢原子、氧原子和氢原子都可形成氢键（图 2-18）。这使得它的熔点比分子量相近的醋酸、硝酸高。液体物质的分子间若能形成氢键，就有可能发生缔合现象，液态氢氟酸、醋酸分子间都能发生程度不等的缔合现象。

氢键的牢固程度（氢键的键能）比共价键的键能小得多，而与分子间力更为接近些。氢键的形成和破坏所需的活化能也小，加之其形成的空间条件较易出现，所以在物质不断运动情况下，氢键可以不断形成和断裂。

有氢键的物质熔化或汽化时，除了要克服纯粹的分子间力外，还必须提高温度，额外地供应一份能量来破坏分子间的氢键，所以这些物质的熔点、沸点比同系列氢化物的熔点、沸点高。分子内生成氢键，熔、沸点常降低。如果溶质分子与溶剂分子之间可以形成氢键，则溶质的溶解度增大。例如，HF 和 NH_3 在水中的溶解度比较大。分子间能形成众多氢键的物质，在液态时黏度大，呈黏稠状，如甘油。

氢键对于生命体非常重要，生物体内的蛋白质和 DNA（脱氧核糖核酸）的分子内或分子间都存在着大量的氢键。氢键对维持生物大分子的空间构型和生理活性具有重要意义。DNA 的双螺旋结构，就是由两条 DNA 大分子上的碱基配对通过氢键的作用形成的。图 2-19 为 DNA 的双螺旋结构模型，显示两条 DNA 大分子上的碱基 A、T、C、G 通过氢键配对。

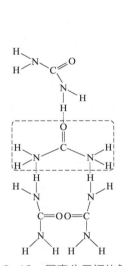

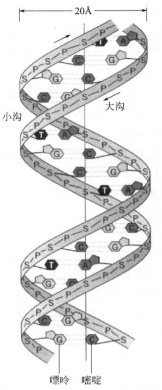

图 2-18　尿素分子间的氢键　　　图 2-19　DNA 的双螺旋结构

2.4　什么是超分子

　　我们已经知道，同种元素或不同种元素的原子可以相互作用，以化学键结合构成物质的分子。例如，4 个氢原子与 1 个碳原子通过 4 个共价键，结合成甲烷分子。6 个碳原子、12 个氢原子、6 个氧原子构成的葡萄糖分子中，碳原子间、碳氢原子间、氢氧原子间、碳氧原子间都是通过共价键结合的（见图 2-20）。

　　20 世纪 70 年代，科学家发现，两种或多种分子（或离子等其他可单独存在的具有一定化学性质的微粒），还可以通过特殊的非化学键作用（包括氢键、非典型的配位键等作用力）而结合，形成一种由主体（也称受体）和客体（也称底物）构成的复杂的结构体系——超分子体系。与共价分子不同，构成超分子体系的主体与客体之间是通过非化学键作用而结合的（图 2-21）。非化学键作用是分子间的弱相互作用，作用强度约为共价键的 5% ～ 10%。这种弱相互作用，通常有静电作用、氢键、范德华力等等。超分子体系的发现，把传统化学的分子概念颠覆了，分子不再是"保持物质化学性质的最小微粒"；分子可以通过非化学键作用力，结合成具有新的功能的"超分子"体系。

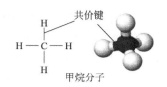

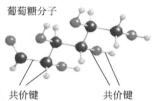

图 2-20　共价分子中原子以共价键结合

图 2-21　共价分子通过非化学键作用形成超分子

例如，一种称为 18- 冠醚 -6 的有机化合物（它的分子构型像皇冠），可以作为受体（主体）与一个钾离子以配位键结合，形成超分子体系。钾离子处于冠醚穴孔的中心，与处于六边形顶点的氧原子配位结合（见图 2-22）。

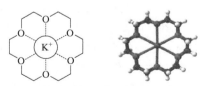

图 2-22　冠醚与钾离子通过配位键结合

自然界中存在着亿万个超分子体系。在细胞内的生物化学过程都由特定的超分子体系执行。DNA 与 RNA 的合成、蛋白质的表达与分解、脂肪酸的合成与分解等，都离不开超分子体系的形成、超分子功能的作用。

　　高等生物体内负责运载氧的一种蛋白质——血红蛋白（缩写为 Hb 或 HGB）就是一种由血红素分子与珠蛋白构成的一个超分子体系。图 2-23 简略地描绘了它的结构。

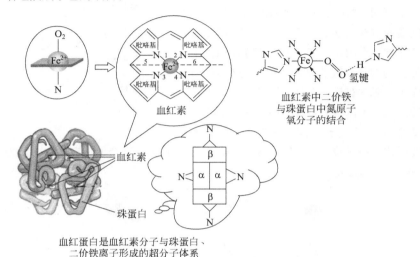

血红素中二价铁
与珠蛋白中氮原子
氧分子的结合

血红蛋白是血红素分子与珠蛋白、
二价铁离子形成的超分子体系

图 2-23　血红蛋白和氧的结合示意图

　　血红素分子是一个具有卟啉结构的有机化合物小分子，在卟啉分子中心有一个亚铁离子。血红素分子中的 4 个氮原子与这个 2 价铁离子以配位键结合。血红蛋白中的珠蛋白由 4 条肽链盘绕折叠成球形的蛋白质分子，它把血红素分子包含在形成的空腔里。珠蛋白肽链中还有一个氮原子也与亚铁离子配位结合，形成一个成为超分子体系的复杂结构。它可以和氧分子或二氧化碳分子配位结合。这种结合是一个可逆过程。在氧气（或二氧化碳）分压较高的环境中，容易与氧气（或二氧化碳）结合；在氧气（二氧化碳）含量低的地方，又容易与氧气（或二氧化碳）分离。因此，它能从动物体氧分压较高的肺泡中摄取氧，并随着血液循环把氧气释放到氧分压较低的组织中去，从而起到输氧作用。如果环境中含有一氧化碳，由于一氧化碳和血红蛋白的结合力更强，会使血红蛋白失去载氧能力，使动物中毒。

阅读本章后，你知道了什么？

1. 原子、离子和分子能结合构成宏观的物质，是因为原子、阴阳离子、分子等微观粒子在一定距离范围内能产生强烈的电磁作用力，彼此结合形成稳定的结构，构成宏观物质。

2. 原子、分子和离子等微粒之间能产生电磁作用力，与它们的结构和运动状态有关。

3. 原子的原子核与核外空间一定区域中高速运转的电子间存在电磁作用力。核外电子在原子轨道上运转，不吸收也不释放能量。电中性的原子，除了稀有气体元素原子外，由于最外电子层的电子排布还未达到稳定状态，具有不稳定性，在一定条件下可以通过电子的得失，或形成共用电子对，靠静电作用，相互结合形成稳定的结构，构成宏观物质。

活泼金属的原子可以失去 1 个或若干个电子，成为阳离子；活泼非金属元素的原子可以获得 1 个或若干个电子，成为阴离子。阴、阳离子存在电磁作用力，可以彼此作用，形成离子键，形成离子化合物（在固体状态，形成离子晶体）。

两个非金属原子在一定条件下，最外层原子轨道能发生重叠，原子轨道上未成对电子可以配对成共用电子对，以共价键结合成共价晶体或共价分子。共价分子间存在范德华力，可以构成分子晶体。

金属元素的原子最外层的部分电子可以形成自由电子在金属原子间、离子间流动，使金属原子结合成金属晶体。

4. 两种或多种分子（或离子等其他可单独存在的具有一定化学性质的微粒），还可以通过特殊的非化学键作用而结合（这种作用实质上也是电磁作用），形成一种复杂的结构体系——超分子体系。

3

窥探分子结构奥秘
剖析常见晶体结构

我们已经知道，原子、分子、离子等微粒间存在各种形式的电磁作用力。一些元素的原子在一定条件下可以得到或失去一个或若干个价电子成为阴离子或阳离子，阴、阳离子结合形成离子化合物；一些元素原子间可以形成共价键结合成共价分子；大量的原子还可以通过原子间的共价键彼此结合形成共价化合物；金属元素的原子间还可以形成金属键而结合。由于微粒间相互作用的形式不同，微粒的连接顺序、在空间的排列或堆积方式不同，元素原子构成的共价分子可以形成不同的空间结构；由大量的阴阳离子、共价分子或原子彼此结合形成的物质在固体状态也可以形成微观结构不同、具有不同几何外形的晶体。

研究分子的结构、晶体的微观结构，可以深入地了解物质结构与性质的关系，做到知其然，知其所以然。

3.1　认识分子的空间结构

各种分子都是一定种类的元素原子以一定的结合方式和连接顺序，在三维空间排列形成的。分子中各种原子有一定大小，原子有一定的连接顺序，原子间的键具有一定的键长、键角，这些因素决定了分子中各原子的空间相对位置，决定了分子的空间结构。

分子的空间结构多种多样，不同的物质分子空间结构不同；同一种物质分子，在不同时刻和条件下也可能形成不同的结构。为了方便研究、描述分子结构，科学家运用结构模型、结构式来表示分子的空间结构。图 3-1 是常见的几种简单分子的结构模型和结构式。

观察图 3-1 中几种分子中原子的结合方式和连接顺序，我们可以发现分子中原子是怎样连接的，分子中各原子在空间的相对位置。

图 3-1 中，氢分子是由两个氢原子的球形 1s 轨道重叠，各以一个未成对电子，形成共用电子对，以 σ 键结合。氯分子中两个原子的纺锤形 3p 轨道以头碰头的形式重叠，各以一个未成对 3p 电子，形成共用电子对，以 σ 键结合。氮原子核外的 2s 原子轨道上有 1 对成对电子，2p 轨道上有 3 个未成对电子。氮分子中两个氮原子的 $2p_x$ 轨道以头碰头形式重叠，分别以一个未成对电子形成共用电子对，构成一个 σ 键，它们的 $2p_y$、$2p_z$ 轨道以肩并肩形

式重叠，以两个共用电子对形成两个 π 键，因此氮气分子也是直线型的。结构式 N ≡ N 中三个共价键，有一个 σ 键，两个 π 键（图 3-2）。氯化氢分子中，氯原子的纺锤形 3p 轨道与氢原子的 1s 轨道重叠，氯原子的一个未成对 3p 电子与氢原子的 1s 电子形成共用电子对，也以 σ 键结合。这四种分子都是直线型的。

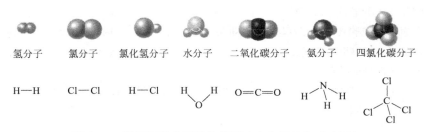

图 3-1　常见简单分子结构模型（上）和结构式（下）

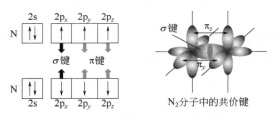

图 3-2　氮分子共价键的构成

四氯化碳分子与第 2 章中讨论的甲烷分子的形成与结构相似，碳原子的 2s 轨道与 3 个 2p 轨道形成 4 个 sp^3 杂化轨道。4 个 sp^3 杂化轨道分别与 4 个氯原子的 3p 轨道上的未成对电子形成 4 个 σ 键。由于 4 对共用电子间存在斥力，使它们在空间的分布指向正四面体的 4 个顶点，C—Cl 键之间的夹角（键角）都是 109° 28′，使斥力最小，能形成稳定的正四面体结构。氨分子中，氮原子的 2s 轨道与 3 个 2p 轨道形成 4 个 sp^3 杂化轨道。氮原子提供的 3 个未成对 2p 电子与 3 个氢原子的 1s 电子形成 3 对共用电子对，分别填充入 3 个 sp^3 杂化轨道，氮原子还有一对成对的电子没有与其他原子共用（称为孤电子对），填充在剩下的 1 个 sp^3 杂化轨道上。孤电子对与成键电子对之间的斥力较大，使得成键电子对与成键电子对之间的键角也被"压缩"而减小。

因此，NH_3 分子中 3 个 N—H 键的键角小于 109° 28′，氨分子的空间构型不是正四面体，而成为三角锥形（图 3-3）。氨分子中氮原子上的孤电子对所占据的轨道还能与氢离子的 1s 空轨道发生重叠，氮原子提供孤电子对与氢离子形成共用电子对，形成配位共价键（配位键），因而氨分子可以与氢离子形成铵根离子（NH_4^+）。氧原子核外的 2s 轨道上有一对成对的电子，2p 轨道上有一对成对的电子和 2 个未成对的电子。2 个未成对电子分别与两个氢原子形成两个 σ 键填入 sp^3 杂化轨道中，氧原子的两对孤电子对，分别填充到剩下的两个 sp^3 杂化轨道中，两对孤电子对的斥力使 H—O 键的键角压缩为 104.5°，因此水分子呈"V"形。

化合物分子可以由两个或多个不同元素的原子或原子团构成。在三种或三种以上元素组成的化合物分子中常含有某种原子团。例如，硫酸分子中的硫酸根（图 3-4 虚线线框内的原子团）。含有原子团的分子的结构较为复杂，有兴趣的读者可以进一步做研究。

图 3-3 氨分子结构示意图　　图 3-4 硫酸分子中的硫酸根原子团

科学家用实验的方法可以测定物质的红外光谱、晶体的 X 射线衍射图、核磁共振谱图，分析这些图谱，可以获得分子空间结构的各种信息，推测分子的空间结构。科学家在分析、归纳许多已知的分子空间结构的基础上，还提出了几种简单的理论模型（如价层电子对互斥模型、等电子原理），用以预测简单分子或离子的空间结构。

3.2　了解晶体结构的奥秘

图 3-5 显示了几种晶体的照片，这些多姿多彩的物质，都是由原子、离子或分子通过静电作用力结合形成的。

金刚石(C)　　　　石墨(C)　　　　食盐(NaCl)　　　胆矾($CuSO_4$)　　冰雪(H_2O)　　干冰(CO_2)

图 3-5　几种常见的晶体

外观晶莹洁白的正立方体食盐晶体是由钠离子、氯离子彼此结合构成的，天蓝色的胆矾晶体是由铜阳离子、硫酸根阴离子、水分子结合形成的。碳原子可以彼此结合形成坚硬、具有璀璨光泽的金刚石晶体。氧原子和硅原子以 2∶1 相互结合，可以构成晶莹透明的水晶。在常压和 0℃下，水分子还可以彼此按一定规则连接形成外观十分漂亮的雪花、晶莹透明坚硬的冰晶体。二氧化碳气体在低温下可以从气态转变为固态，形成干冰晶体。

元素的原子，元素原子形成的阴、阳离子或分子在晶体中是以什么方式排列、连接的？这些有一定几何外形的晶体是怎样构成的？

3.2.1　离子晶体

X 射线发现后，科学家发明了 X 射线晶体衍射分析方法，用它来研究晶体中微粒是如何排列的。用待研究的晶体作为立体光栅，通过 X 射线晶体衍射分析方法，可以得到清晰的 X 射线衍射图。分析 X 射线衍射图，可以发现离子晶体内部的阴、阳离子在三维空间是按一定的规则排列的。

为了描绘晶体的微观结构，科学家从晶体中切取能完整反映晶体内部原子（或离子）在三维空间分布情况的体积最小的平行六面体作为研究对象（科学家称之为晶胞）。晶胞是能够反映晶体结构特征的最基本的几何单元。晶体可以看成是晶胞在空间连续重复延伸而形成的。也可以说，晶体是无数晶胞无隙并置而成的。图 3-6 是氯化钠晶体及其晶胞的结构模型。氯化钠晶胞呈正立方体，氯阴离子紧密堆积形成立方体结构，钠离子填充在氯离子间的空隙中。因此，每个氯离子周围有 6 个与它等距离的钠离子，钠离子周围也有 6 个与它等距离的氯离子。

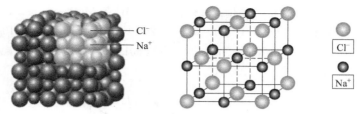

图 3-6　氯化钠晶体（左）及其晶胞（右）结构示意图

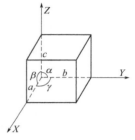

图 3-7　晶胞参数

　　晶胞的平行六面体有三组棱，长 a、b、c，棱间有三种交角 α、β、γ，这些称为晶胞参数（图 3-7）。从晶胞的结构可以了解晶体的化学组成和对称性（晶体的对称轴、对称面和对称中心）。平行六面体晶胞中某元素原子个数 = 顶点上的原子数 ×1/8+ 棱上的原子数 ×1/4+ 面上的原子数 ×1/2+ 晶胞内的原子数 ×1。

　　从碘酸钾晶体的晶胞（图 3-8）可以知道，钾原子位于六面体的 8 个顶点上，氧原子位于六个面的中心，碘原子位于六面体的中心。因此，晶胞占有的钾原子数是 8×1/8=1，氧原子数是 6×1/2=3，碘原子数是 1，它的组成是 KIO_3。氯化钠晶胞三组棱长相等，交角都是 90°，每个氯化钠晶胞实际占有的钠离子、氯离子各 4 个。

　　从离子晶体中选取晶胞的角度不同，得到的晶胞模型有所差异（阴阳离子所处的平行六面体的位置上有差异），但是阴阳离子的相对空间位置不变，都能反映晶体中微粒在三维空间排列形成的点阵的对称性。图 3-8（1）（实线描绘的正六面体）、（2）（虚线描绘的正六面体）都是 KIO_3 晶体的晶胞结构，晶胞模型（2）与晶胞模型（1）中 K、I、O 原子的位置不同。

　　离子晶体中，离子周围与它等距的异电性离子数目的多少主要取决于阴、阳离子（半径）的相对大小。阴离子半径越大，可以吸引更多的阳离子围绕在周围。晶体中阴、阳离子间相互作用力的大小，与阴、阳离子所带的电荷数有关。科学家用"晶格能"来衡量阴、阳离子间作用力的大小。晶格能是指 1mol 离子晶体，使之形成气态阴离子和气态阳离子时所吸收的能量。离子晶体的晶格能越大，表明离子晶体中的离子键越牢固。晶格能越大，离子晶体的熔点一般越高。例如，NaCl 晶体与 MgO 晶体相比，前者离子电荷数较小（分别是 1、2），离子半径较小（分别是 282pm、210pm）。NaCl 晶体的晶格能是 786kJ·mol^{-1}，熔点是 801℃，而 MgO 晶体的晶格能是 3791kJ·mol^{-1}，熔点是 2852℃。

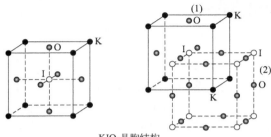

KIO$_3$晶胞结构
(1) K、I、O 分别位于顶角、体心、面心位置；
(2) I 处于各顶角位置，则 K 处于体心位置，O 处于棱心位置

图 3-8　晶胞中微粒的相对位置

3.2.2　分子晶体

分子晶体中，共价分子以一定规则在三维空间有序排列。例如，由二氧化碳分子以范德华力结合形成的分子晶体——干冰的晶胞结构如图 3-9 所示。晶胞的顶角、面心上各有 1 个二氧化碳分子。每个晶胞中有 4 个二氧化碳分子。与每个二氧化碳分子紧邻且等距离的其他二氧化碳分子共有 12 个。

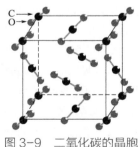

图 3-9　二氧化碳的晶胞

分子晶体中，分子间存在微弱的范德华力，所以分子晶体一般硬度较小、熔点较低。干冰在 -78.5℃时即可升华，气化成为二氧化碳气体。通常，分子结构类型相同的分子，相对分子质量越大，分子间的范德华力也越大。使它们从固态转化为液态、液态转化为气态，要克服分子间的范德华力，分子要具有更高的能量、有更高的运动速率，因此需要更高的温度，熔、沸点依次增高。例如，氯气、溴、碘的单质分

子，都是由两个原子靠共价单键结合形成的双原子分子，它们的相对分子质量依次增大，范德华力依次增大，熔沸点依次升高（表3-1）。有些分子晶体中存在氢键，分子间作用力增大，这些分子晶体与组成结构相似的其他分子晶体相比，相对分子质量较小的，熔沸点反而较高。例如，水的熔沸点高于组成结构相似而相对分子质量较大的硫化氢（H_2S）。

表3-1　卤素单质的熔沸点

单质	相对分子质量	熔点 /℃	沸点 /℃
F_2	38	-219.6	-188.1
Cl_2	71	-101.0	-34.6
Br_2	160	-7.2	58.8
I_2	254	113.5	184.4

共价分子的极性对物质的熔点、沸点、溶解性等物理性质有显著的影响。一般情况下，由极性分子构成的物质易溶于极性溶剂。水是一种常用的极性溶剂，因此，NH_3 和 HF 等由极性分子构成的物质都易溶于水。由非极性分子构成的物质易溶于非极性溶剂。例如，CCl_4 和苯等有机溶剂是非极性溶剂，I_2、Br_2 和 CH_4 等由非极性分子构成的物质都易溶于 CCl_4 和苯等非极性溶剂中。这在化学上称为"相似相溶规则"。

粉末状的固体颗粒表面的分子只受到内层分子相邻分子间的电磁作用力。颗粒表面的分子与周围其他颗粒表面分子之间距离远大于分子间电磁作用的距离范围，分子间的电磁作用力几乎为零，因此，要使它们靠范德华力重新结成块状固体，几乎是不可能的。

3.2.3　共价晶体

金刚石、石英晶体是由元素的原子通过共价键按一定的连接顺序直接连接构成的。晶体中并不存在称为分子的结构单元，整个晶体就是一个空间网状"大分子"。它们的固体状态属于共价晶体。由于晶体中直接相连的原子间的共价键也有一定的键长、键角，各原子在空间的相对位置也一定，也具有特定的结构。

金刚石晶体中，每个碳原子的 4 个价电子以 sp^3 杂化的方式，形成 4 个完全等同的原子轨道，与最相邻的 4 个碳原子形成共价键。每个碳原子以指向正四面体顶点的四个共价键和其他碳原子相连。这 4 个共价键之间的角度都相等，约为 109° 28′，形成了由 5 个碳原子构成的正四面体结构单元，其中 4 个碳原子位于正四面体的顶点，1 个碳原子位于正四面体的中心，形成一个空间网状大晶体（图 3-10）。C—C 键能大，所以金刚石硬度和熔点都很高，化学稳定性好。共价键中的电子被束缚在化学键中不能参与导电，所以金刚石是绝缘体，不导电。

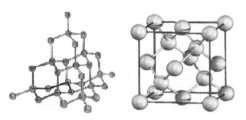

图 3-10 金刚石的晶体与晶胞结构示意图

石英（二氧化硅）晶体也是共价晶体。硅原子和氧原子间的共价键作用比分子间范德华力大得多，因此熔点高达 1750℃（图 3-11）。

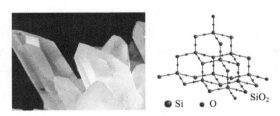

● Si　○ O　SiO$_2$

图 3-11 石英晶体及其微观结构示意图

石墨、金刚石是同素异形体，但是由于碳原子的结合方式不同，两种物质的性质有很大差异。石墨晶体属于混合键型晶体，具有片层结构，碳原子构成的片层具有二维网状结构，层内每个碳原子以 sp^2 杂化的方式形成共价键与周围的三个碳原子结合，形成蜂窝状平面结构。石墨片层间靠比较弱的范德华力结合。由于同一层内 C—C 键比金刚石中 C—C 键键长更短，碳原子之间的结合比金刚石还强，所以石墨的熔点比金刚石更高，但层间结合较弱，很容易发生滑移，硬度很低。石墨中碳原子的 4 个价电子中的 3 个形成共价键，另外一个价电子在晶体中形成大 π 键，可以沿石墨层导电。

3.2.4 金属晶体

金属原子通过金属键结合形成金属晶体。

金属晶体中，同种金属元素的原子，像半径相等的小球一样，按一定规律在三维空间紧密堆积形成晶体。图 3-12 显示金属晶体中金属原子在三维空间堆积的 4 种基本方式：简单立方堆积（如钋）、体心立方堆积（如钾）、面心立方堆积（如铜）、六方堆积（如镁）。日常生产生活中使用的金属材料更多的是合金。

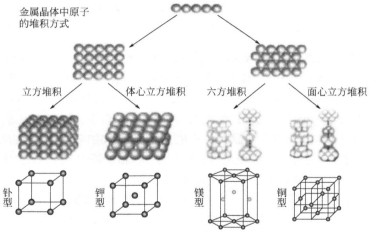

图 3-12　金属原子在三维空间的堆积方式与构成的晶胞

由两种或几种金属熔合形成的组分和结构均匀的合金，含量较少的金属原子（称为溶质）溶解在含量较多的金属晶体（称为溶剂）中，形成"固溶体"（例如由金属铜和锌形成的黄铜）。溶质原子或者置换了溶剂晶体中的一些原子，或者填充在溶剂晶体的间隙中（见图 3-13）。

金属晶体中存在金属离子（或金属原子）和自由电子，金属离子（或金属原子）总是紧密地堆积在一起，金属离子和自由电子之间存在较强烈的金属键，自由电子在整个晶体中自由运动。金属具有共同的特性，如有光泽、不透明，是热和电的良导体，有良好的延展性和机械强度。大多数金属具有较高的熔点和硬度。金属晶体中，金属离子（或原子）堆积越紧密，金属离子的半径越小、离子电荷越高，金属键越强，金属的熔、沸点越高。例如第ⅠA族金属由上而下，随着金属离子半径的增大，熔、沸点递减。第三周期金属按 Na、Mg、Al 顺序，熔、沸点递增。

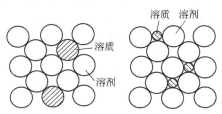

图 3-13　合金（固溶体）中溶质原子和溶剂原子的分布

　　金属受到外力作用（如锻压或捶打）时，在金属原子间的电子可以起到类似润滑剂的作用，晶体的各层可以相对滑动，但不会改变原来的排列方式，不易断裂，因此金属都有良好的延展性。金属晶体中充满着带负电的自由电子，这些电子运动没有一定方向，在外加电场的条件下会发生定向移动，因而形成电流，所以金属容易导电。也由于晶体中自由电子在热的作用下与金属原子通过频繁的碰撞，把能量从温度高的部分传到温度低的部分，容易导热，使整块金属达到相同的温度。

　　金属晶体中的自由电子容易吸收可见光的能量跃迁到较高能级，在返回原能级时以光的形式放出能量。有的金属如铁、镁在吸收各种波长的可见光后，又把它们几乎全部反射出去，所以呈钢灰色或银白色光泽。有的金属对某种波长的光吸收程度较大，该金属就呈现与其对应的补色，如铜容易吸收绿色光，呈现紫红色。金属粉末一般无金属光泽，因为粉末状的金属，晶面分布杂乱，晶格排列也不规则，吸收的可见光难以辐射，所以失去光泽。

　　实际存在的各种金属晶体中，金属原子排列不会像金属晶体模型那样规则和完整。往往会有一些金属原子（少于原子总数的千分之一）偏离平衡位置，使晶体存在各种类型的缺陷。存在的缺陷还会随着外界条件（如温度、压力等）的改变而变动。金属晶体中存在的缺陷对金属材料的性能（如强度、塑性、电阻等）有重大的影响。

3.3　有机化合物种类繁多的秘密

有机化合物分子结构多样，不少有机化合物的结构十分复杂。有机化合物的分子结构与无机化合物相比具有显著的差异，而且分子结构特点对性质起着决定性的作用。往往依据有机化合物的结构特点来给有机化合物分类。

3.3.1　有机化合物分子中碳的成键方式

碳原子最外层有 4 个电子，不易失去或获得电子，但可以通过与氢、氧、氮、硫、磷等多种非金属元素原子形成共用电子对，以共价键结合成化合物。碳原子不仅能与其他原子形成 4 个共价键，还可以彼此以共价键互相连接成长短不一的碳链或碳环。碳原子间不仅可以形成稳定的碳碳单键，还可以形成碳碳双键或三键。碳链还可以带有支链，碳链和碳环也可以相互结合。有机化合物分子中碳原子数量可以是 1、2 个，也可以是几千、几万个。许多有机高分子化合物（聚合物）分子含有几十万个碳原子。含多个碳原子的有机化合物分子中，碳原子彼此连接形成分子的碳骨架，其他元素的原子就连接在碳骨架上。

1874 年，年仅 22 岁的荷兰化学家范特霍夫提出了碳原子与其他原子结合形成化学键的新解释。他用正四面体模型表示碳原子在有机化合物中怎样和其他原子结合（图 3-14）：碳原子可以用最外电子层的 4 个电子与其他原子形成 4 个共用电子对，以 4 个共价单键结合，4 个价键指向正四面体的 4 个顶点。碳原子的四面体模型，说明有机化合物中由碳原子形成的碳骨架，无论是碳链、碳环、连接在碳骨架上的其他元素的原子或原子团，并不会都在同一平面上，有机化合物分子可以形成三维空间立体结构。

在范特霍夫发表上述观点后不到两个

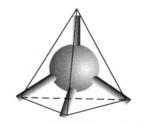

图 3-14　碳原子的 4 个共价键

月，法国化学家勒贝尔用其他推理方法得到了相同的结论。因此，要研究、呈现有机化合物分子中的原子以怎样的方式结合，原子间连接的顺序、原子或原子团在空间的位置关系是怎样的，只用平面图式是难以实现的，要借助结构模型，用结构式、键线式等图式来描述。有机化合物的结构式用元素符号和短线段的方式，按一定规则来书写。

图 3-15 是大家熟知的白酒的主要成分乙醇（C_2H_5OH）、天然气的主要成分甲烷（CH_4）的分子结构模型（比例模型与球棍模型）、结构式和结构简式。

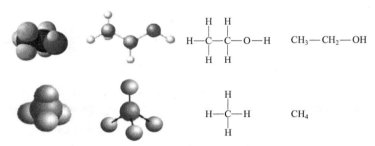

图 3-15　乙醇、甲烷的分子结构模型、结构式和结构简式

现在我们已经知道，碳原子之所以能与其他原子形成 4 个指向正四面体 4 个顶点的共价键，是由于碳原子能以 sp^3 杂化与其他原子形成 4 个共价单键。此外，两个 C 原子还能以双键、三键相结合。当两个碳原子采用 sp^2 杂化轨道成键时，每个碳原子各以 1 个 sp^2 轨道重叠形成 C—C σ 键，两个碳原子的 1 个未杂化的 2p 轨道以肩并肩的形式重叠，形成 π 键（剩余的 2 个 sp^2 轨道用于与其他原子成键），就形成了碳碳双键［如乙烯（$CH_2 = CH_2$）分子中的碳碳双键］。当两个 C 原子采用 sp 杂化轨道成键时，两个 C 原子各以 1 个 sp 轨道发生重叠形成 C—C σ 键，各以 2 个未杂化的 2p 轨道发生重叠，形成 2 个 π 键，就形成了碳碳三键（两个 C 原子剩余的 1 个 sp 杂化轨道分别与其他原子成键）。乙炔（$CH \equiv CH$）分子中的碳碳三键就是采用这种方式成键的。

在有机化合物中还存着一种特殊的键——大 π 键。例如，在苯（C_6H_6）分子中就存在着大 π 键。苯分子具有平面六边形的环状结构，12 个原子处于同一平面上（见图 3-16）。苯环中的每个碳原子都以 2 个 sp^2 杂化轨道分别与相邻的碳原子成键，形成一个平面六边形的碳环，余下的 1 个 sp^2 杂化轨道与一个氢原子形成 C—H σ 键，每个碳原子的一个未参与杂化的 2p 轨道在环上彼此重叠，填充了 6 个碳原子的 6 个 2p 电子，形成一个大 π 键（用 π_6^6 表示）。

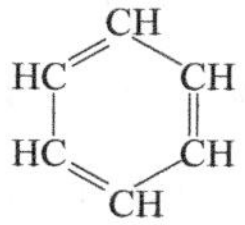

图 3-16　苯环结构式

　　有机化合物分子中，许多个碳原子可以相互结合成长短不一的碳链，碳链也可以带有支链，还可以结合成碳环，碳链和碳环组成了有机化合物的碳的骨架。碳环上还可以连接其他元素，形成杂环化合物。

　　图 3-17 显示几种含有长碳链、不同碳环、其他元素原子或原子团的有机化合物的结构模型和结构图式。

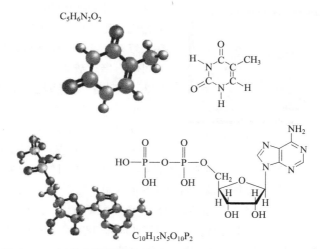

图 3-17　几种有机化合物的分子式、分子结构模型和结构式

3.3.2　苯分子结构的研究

　　有机化合物分子结构的研究，是一项艰巨的工作。在有机化学的发展历程中，有许多有机化合物结构研究的过程，给人们留下难忘的印象。苯结构的研究就是一个典型的例子。苯是 1825 年英国科学家法拉第发现的。他

在煤制造煤气余下的油状液体中，用蒸馏的方法分离出一种液态物质，法拉第称它为"氢的重碳化合物"。1834 年，德国科学家米希尔里希通过蒸馏苯甲酸和石灰的混合物，得到了苯。过了几年，法国化学家日拉尔等人才确定苯的相对分子质量为 78，分子式为 C_6H_6。科学家依据苯的化学性质的研究成果，发现苯分子中碳的相对含量很高，性质却不像那些高度的不饱和化合物，感到十分惊讶。依据当时对碳氢元素组成的化合物性质的了解，人们认为有机化合物中碳氢比例越高，越容易与氯气、溴、氢气等发生加成反应，有不饱和性。苯分子中碳、氢原子数比很高，应该是高度不饱和的化合物，但它却不具有典型的不饱和化合物应具有的容易发生加成反应的特点。它的分子结构该是什么样的？引起了科学家们探索的兴趣。

几年后，奥地利化学家洛希米特在他的著作中曾画出了苯及其他一些与

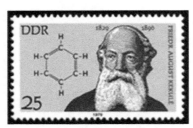

图 3-18　纪念凯库勒的邮票

苯性质有共同特点的化合物（芳香族化合物）的结构，认为它们有圆形的环状结构。曾提出碳四价和碳原子之间可以连接成链的化学家凯库勒（图 3-18）看到洛希米特画出的苯的结构图式，觉得困惑。他在分析了大量的实验事实之后认为，苯含有的环状结构应该是一个很稳定的"核"，6 个碳原子之间的结合应该非常牢固，排列十分紧凑，它可以与其他碳原子相连形成芳香族化合物。凯库勒集中精力研究这 6 个碳原子的"核"是怎么形成的。经过艰难的探索，1865 年，他终于悟出六个碳原子应该是具有闭合碳链的形式。这一年，距离苯的发现，已经过了 40 年。1890 年，在庆祝凯库勒发现苯环结构 25 周年的大会上，凯库勒说，他的发现源于自己的一个梦：他在比利时任教时的一个夜晚，在书房中打起了瞌睡，眼前出现了像蛇一样盘绕卷曲的长链碳原子，在碳原子不停旋转的过程中，"蛇头"抓住了自己的"尾巴"。他像触电般地猛醒过来，连夜整理出苯环结构的假说。他认为，苯分子中六个碳原子之间靠单键、双键连接成六边形的环状结构，单双键相间，每个碳原子都是形成四个价键。凯库勒能够从梦中得到启发，成功地提出苯的结构学说，是他孜孜不倦探索的结果，并不是偶然得到的。1992 年，

有一位美国化学教授在他的著作中，对凯库勒在苯环结构中的贡献提出了质疑。他认为早在 1854 年，法国化学家劳伦已在他的著作中把苯的分子结构画成六角形环状结构。凯库勒曾于 1854 年 7 月 4 日在一封信件中提到他想把劳伦的那本著作从法文翻译成德文。如果凯库勒读过劳伦的书，凯库勒应该会从劳伦对苯环的描述中得到启发。但是，不管实情如何，通过苯分子结构的探索，我们可以看到科学家们是如何从生产实践和科学实验中发现问题、研究问题的，通过他们的艰苦卓绝的努力，提出了自己的学说，建立了相应的结构模型。

　　随着科学技术的进步、化学科学的发展，今天我们已经知道，苯分子中六个碳原子连接形成六边形的苯环，每个碳原子都连接着一个氢原子，12 个原子处于同一个平面上，$C—C$ 键的键长相同，介于 $C—C$ 单键与 $C=C$ 双键的键长之间，每个 $C—H$ 键的键长也一样，所有键角均为 120°。因为每个碳原子形成 3 个杂化轨道，分别与相邻的碳原子、一个氢原子形成共价键。每个碳原子还剩余一个 $2p$ 原子能轨道，重叠形成围绕在苯环平面上的特殊的化学键（称为大 π 键）。这种结构使苯环具有比较稳定的结构，也因此，苯不具有含有 $C=C$ 双键的不饱和化合物的典型性质（见图 3-19）。

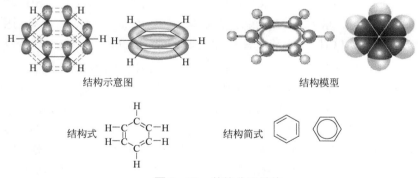

结构示意图　　　　　　　　　结构模型

结构式　　　　　　　　　　结构简式

图 3-19　苯的分子结构

　　现代科学家们对苯结构的认识能解释说明苯的化学性质，为实验事实所证明。科学家用电子隧道扫描显微镜，已经能观察到苯分子的环状结构（图 3-20）。利用现代的分析仪器进行苯的核磁共振谱分析，发现苯分子中 6 个氢原子的氢核磁共振谱图只有一个波峰，证明了苯分子中 6 个氢原子所处的空间环境完全相同，可见苯分子的结构是完全对称的。苯分子中 6 个碳原子位于平面正六边形的六个顶点上，每个碳原子与一个氢原子连接，键角完全一样。这种结构特征与得到的氢核磁共振谱图是一致的。

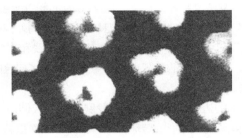

图 3-20　用电子隧道扫描显微镜观察到的苯分子图像

3.3.3　有机化合物分子中的官能团

分析有机化合物的分子结构，可以把有机化合物分子看成是由一些基团连接而成的。例如，把乙烷分子看成是由两个甲基（—CH_3）连接构成的，把乙醇分子（CH_3CH_2OH）看成是由乙基（—CH_2CH_3）和羟基（—OH）连接而成的。由碳氢原子组成的基团称为烃基，如甲基、乙基、丙基（—$CH_2CH_2CH_3$）。由氢、氧原子组成的羟基（—OH）、由碳氧原子以双键连接构成的羰基（$\diagup C=O$）等等。有机化合物分子中的一些基团对它的化学性质特点起着决定性的作用，这些基团称为官能团。有机化合物分子中的卤原子、羟基、醛基、羰基、氨基等都是常见的官能团。通常，也把碳碳双键、碳碳三键看成官能团，因为它们对有机化合物的性质也有着决定性的影响。例如，乙醇、丙醇（$CH_3CH_2CH_2OH$）的分子中都含有羟基官能团，因此它们都具有一些相似的化学性质。例如能与活泼金属钠反应；能和乙酸发生酯化反应，生成酯；在一定条件下可以被氧化，生成醛、酸。丙烯醇（$CH_2=CHCH_2OH$）分子中还含有碳碳双键，除了能发生丙醇上述的反应外，还能和溴水发生加成反应，容易被高锰酸钾等氧化剂氧化，能发生聚合反应。因此，通常可以依据有机化合物中所含的官能团，分析、推测该有机化合物的性质，可能发生的化学反应；也可以依据有机化合物分子中含有的官能团种类给有机化合物分类。

　　分析、认识有机化合物的分子结构，是学习研究有机化合物的基础。分析有机化合物的分子结构，一是要了解它的碳骨架结构——分子中碳原子是连接成链状的还是环状的，分子中是否含有碳碳双键或三键（$C=C$ 或 $C\equiv C$）；碳链上有没有支链，有几个支链，主链、各支链上有几个碳原子，碳环由几个碳原子连接而成，是否含有苯环；二要弄清楚分子的碳链或碳环上是否连接有官能团，含有哪些官能团，各种官能团的数目；三是弄清楚碳环上是否还含有其他元素的原子，是否形成杂环化合物。此外，还要注意有机化合物分子中各种基团间还会发生相互影响，引起某些化学性质的变化。

3.3.4　有机化合物的分类

　　科学家可以依据有机化合物的组成和结构特征，对种类繁多的有机化合物进行分类。例如，组成中仅有碳氢元素的有机化合物属于烃类。再依据烃分子中碳原子间的共价键特点、连接方式给烃分类。

　　表3-2列出一些简单的仅由碳氢原子构成的有机化合物（烃）的分子构型。依据烃分子中碳键的类型、碳骨架上的结构特点，可以把烃分为烷烃、烯烃、炔烃、芳香烃。烯烃、炔烃分子中碳骨架上含有 $C=C$ 或 $C\equiv C$；烃分子中含有苯环结构的称为芳香烃。

　　科学家往往把组成较为复杂的某些有机化合物看成是烃分子中的氢原子被其他基团取代的生成物，把它们称为烃的衍生物，并根据这些烃的衍生物中含有的官能团的种类进行分类。例如：

　　分子中含有一个或多个取代氢原子的卤素原子的有机化合物，称为卤代烃。

　　分子中含有的一个或几个氢原子被羟基取代后的产物称为醇（苯环上的氢原子被羟基取代后的生成物属于酚类）。

表 3-2　几种简单有机化合物的分子结构

有机分子	CH_4	$CH_2=CH_2$	$CH≡CH$	C_6H_6
结构模型				
碳原子成键方式	$-\overset{\mid}{\underset{\mid}{C}}-$ 单键 σ键	$\overset{}{>}C=C\overset{}{<}$ 双键 σ键　π键	$-C≡C-$ 三键 σ键　π键	介于单双键之间 大π键
杂化轨道	sp^3	sp^2	sp	sp^2
分子空间构型	正四面体	平面	直线	平面
键角	109°28′	120°	180°	120°

两个烃基通过一个氧原子连接而成的化合物称作醚（可用通式 R — O —R′ 表示）。

分子中含有醛基官能团的，称为醛。

分子中含有羧基的，称为羧酸。

羧酸分子中羧基上的羟基 —O—R′ 取代而形成的化合物属于酯类。

表 3-3 列出常见的几种有机化合物的组成、结构特点。

表 3-3　常见有机化合物的类别

类别		组成特点、组成通式	结构特点	实例
烃	烷烃	仅含碳氢原子	C_nH_{2n+2}（$n \geq 1$）	碳原子以单键相连	甲烷（天然气主要成分）、丁烷（打火机填充的燃料）
	烯烃		C_nH_{2n}（$n \geq 2$）	分子中含有 $C=C$	乙烯、丙烯（石油化工重要产品）
	炔烃		C_nH_{2n-2}（$n \geq 2$）	分子中含有 $C≡C$	乙炔（电石气）
	芳香烃		C_nH_{2n-6}（$n \geq 6$）	分子中含有苯环结构	苯、丙苯（煤化工主要产品）
	环烷烃		C_nH_{2n}（$n \geq 3$）	分子中碳原子以单键连接成环状	环己烷（一种常用有机溶剂）

类别		组成特点、组成通式		结构特点	实例
烃的衍生物	卤代烃	含卤原子	R—X	卤原子连接在烃基的碳原子上	六氯环己烷（曾广泛使用的农药）、氯乙烯（聚氯乙烯塑料的单体）
	醇	含氧原子	R—OH	羟基官能团直接连接在烃基上	乙醇、甘油（丙三醇）
	醛		R—CHO	醛基官能团连接在烃基上	甲醛
	羧酸		RCOOH	羧基官能团连接在烃基上	乙酸（醋酸）
	酯		R—COOR′		乙酸乙酯（常见的一种有机溶剂）
	酚		Ar—OH	羟基直接连接在芳香烃的苯环的碳原子上	苯酚
	醚		R—O—R′	氧原子与两个烃基的碳原子相连	乙醚
	酮		RCOR′	烃基上连接羰基（—C=O）	丙酮（有机溶剂）
	胺	含氮原子	R—NH$_2$	氨基官能团（—NH$_2$连接在烃基的碳原子上）	苯胺（重要的染料）
	酰胺	含氮氧原子	RCONH$_2$	烃基碳原子上连接有酰氨基（—CONH$_2$）	乙酰胺

通常组成、结构比较复杂的有机化合物分子中，往往含有多种官能团。图 3-21 显示一种解热镇痛药阿司匹林的分子结构，它的分子式是 $C_9H_8O_4$，分子中含有苯环、羧基、乙酰基。它的结构图式显示了分子中各种原子的连接顺序和连接方式。碳原子间，碳原子和其他元素原子以单键或双键结合。

图 3-22 列出了几种我们熟知的维生素的分子结构，它们都是组成、结构较为复杂的有机化合物。

许多营养物质、组成动物体的大多数有机化合物都具有比较复杂的组成结构，如多肽、蛋白质、淀粉、纤维素，都是有机高分子化合物。

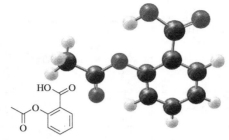

图 3-21　阿司匹林的分子结构图式

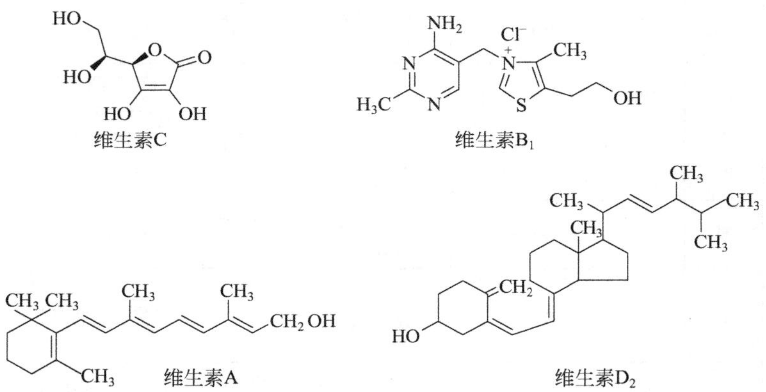

维生素C

维生素B$_1$

维生素A

维生素D$_2$

图 3-22　几种维生素的分子结构

3.4　不可忽视的同分异构现象

有机化合物中普遍存在着分子组成（分子式）相同，但分子结构、性质却不同的现象——同分异构现象。

3.4.1　同分异构现象和同分异构体

1828 年，德国化学家维勒在实验室里蒸发无机化合物氰酸铵（NH_4OCN）的水溶液时，没有得到氰酸铵，却得到了尿素 [$(NH_2)_2CO$]。后来，化学家贝采里乌斯看到维勒的论文，受到启发，想到以往发现的另一个事实：雷酸银（AgOCN）和氰酸银（AgCNO）分子组成相同，但却是不同的物质。1830 年，他提出了一个新概念——同分异构，即有相同化学成分的物质，可能是性质不同的化合物，就是现在人们熟悉的同分异构现象。1848 年，26 岁的科学家巴斯德发现，在白葡萄酒酿造过程中，在不同条件下能产生两种酒石酸，它们的结晶形态不同，光学性质也不同。两种分子就像左手掌与右手掌，或者一个人与他在镜子中的影像，成镜面对称，是分子组成相同的不同物质。

此后，更多的研究发现，有机化合物中同分异构现象普遍存在。人们把分子式相同而结构不同的化合物互称为同分异构体。同分异构现象、同分异构体的存在是有机化合物种类繁多的原因之一。

许多有机化合物具有同分异构现象，能形成多种同分异构体，这与有机化合物分子具有空间三维结构有密切关系。组成有机化合物分子的碳原子数目越多，同分异构体的数目也就越多。

分子式相同的有机化合物分子结构不同的原因主要有五种：碳链的骨架不同（碳链异构）、基团连接在碳骨架上的位置不同（位置异构）、含有不同的官能团（官能团异构）、分子中所含原子或基团在空间的排布不同（立体异构）；其中立体异构的产生有的是由于与碳碳双键的碳原子连接的基团或氢原子，可能排列在双键平面的同一侧或不同侧而有不同结构（顺反异构），有的是由于有机物分子结构可以形成互为镜像的两种结构（对映异构）。表 3-4 列出有机物构成同分异构现象的几种情况。

表 3-4　有机化合物的同分异构现象

同分异构现象		实例	
		分子式	异构体的结构式（两例）
构造异构	碳链异构	C_4H_{10}	$CH_3—CH_2—CH_2—CH_2—CH_3$ $CH_3—CH—CH_2—CH_3$ 　　　　$\vert$ 　　　CH_3
	位置异构	C_3H_8O	$CH_3—CH_2—CH_2—OH$ $CH_3—CH—CH_3$ 　　　$\vert$ 　　OH
	官能团异构	C_2H_6O	$CH_3—CH_2—OH$　　　$CH_3—O—CH_3$

同分异构现象		实例	
		分子式	异构体的结构式（两例）
立体异构	顺反异构	C_4H_8 （2-丁烯）	反式　　　　　　顺式
	对映异构	$C_3H_6O_2$ （乳酸）	

有机物中的同分异构现象十分多样，与人们的生活、生产关系十分密切。

例如，番茄、西瓜中含有比较丰富的天然番茄红素。天然番茄红素有两种同分异构体，一个是顺式异构体，一个是反式异构体。番茄内部的天然番茄红素是反式异构体，人体不好吸收，要经过烹调，变成顺式番茄红素，才能被吸收。西瓜中含有更多的顺式番茄红素，可以更容易被人体吸收。所以，西瓜生吃，人就能较好地吸收番茄红素。

天然的植物油中存在的脂肪酸主要是顺式脂肪酸。顺式脂肪酸抗氧化能力差，稳定性不好，通常进行氢化处理，把顺式脂肪酸转化为反式脂肪酸，制成人造奶油、黄油等。但过多食用富含反式脂肪酸的食物易引发肥胖症和心脑血管疾病。

顺反异构与生命现象有着紧密的联系。某些昆虫的信息素具有一个或多个碳碳双键，它们通常存在顺反异构。有一种叫蚕蛾的热带蛾类，雌蛾会分泌出"蚕蛾醇"（图3-23）吸引同类雄蛾。蚕蛾醇有多种顺反异构体，只有图3-23（a）能传递相关信息。我们能在昏暗的光线下看见物体，离不开视网膜中一种叫"视黄醛"的有机化合物。顺式视黄醛吸收光线后，就转变为反式视黄醛（图3-24），并且从所在蛋白质上脱离，这个过程产生的信号传递给大脑，我们就看见了物体。

我们知道，人的左右手看上去并无差别，但两只手无法完全重叠，一只手只有在镜像中才能与另一只手完全重叠。在有机化合物的同分异构现象中

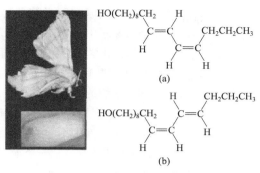

图 3-23 蚕蛾醇的同分异构体

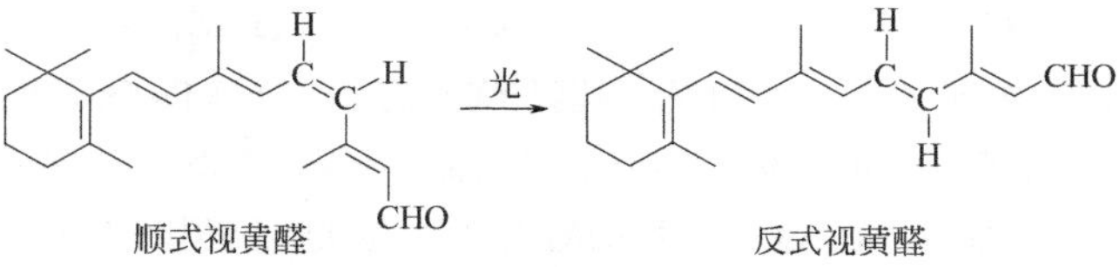

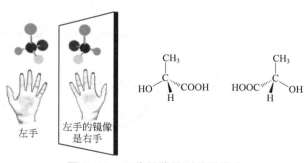

图 3-24 视黄醛顺反异构体的转变

也存在这种镜像异构现象。某些有机化合物组成相同，分子构造也相同，但两者像人的左手和右手的关系一样，互为镜像，彼此不能重合，称为对映异构体。人们在剧烈运动时，氧气需求量增大，若供应不足，葡萄糖氧化的中间产物会转化为一种有机酸——乳酸，让人感到肌肉酸痛。还有一种糖类化合物——乳糖发酵也能产生乳酸，这两种不同途径得到的乳酸分子的构造相同，但两者互为镜像，是对映异构体（图 3-25）。

图 3-25 互为镜像的对映异构体

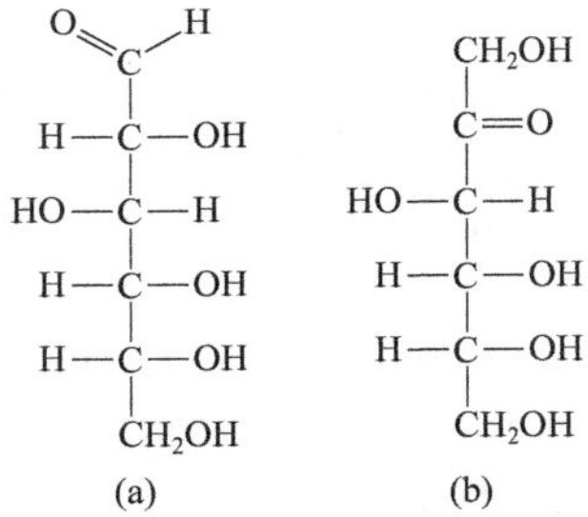

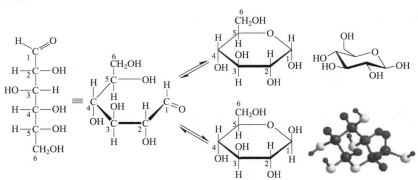

图 3-26　D- 葡萄糖（a）和 D- 果糖（b）

我们通常所说的葡萄糖，是含有 6 个碳原子的单糖（己糖）的一种同分异构体，化学名称是 D- 葡萄糖。含有 6 个碳原子的单糖（己糖）有多种同分异构体，它们的分子组成相同，分子式都是 $C_6H_{12}O_6$。己糖分子中都含有 6 个相连接的碳原子，其中 5 个碳原子各与一个羟基（—OH）连接，另一个碳原子可以构成醛基（—CHO）或羰基（C═O）。含醛基的己糖称为醛己糖。分子中不含醛基而含有羰基（C═O）的己糖称为酮己糖。醛己糖、酮己糖又都有几种同分异构体。例如，D- 葡萄糖是自然界存在的 3 种醛己糖中的一种。大多数生物具有酶系统，可分解 D- 葡萄糖以取得能量。因此 D- 葡萄糖也是人体的重要能量来源。水果、蜂蜜中含有的 D- 果糖是酮己糖的一种同分异构体。D- 葡萄糖和 D- 果糖的结构见图 3-26。

正如上面介绍的，D- 果糖、D- 葡萄糖是己糖的两种官能团异构体。在不同条件下，D- 葡萄糖分子可以以链状或环状形式存在，形成三种互变异构体。在水溶液中，D- 葡萄糖分子几乎都形成环状结构（见图 3-27）。图 3-27 中 D- 葡萄糖两种不同的环状异构体属于位置异构。图 3-28 显示的是葡萄糖两种对映异构体——D- 葡萄糖和 L- 葡萄糖。L- 葡萄糖不能被人体分解吸收。

图 3-27　D- 葡萄糖（链状结构、环状结构）结构模型图

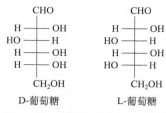

图 3-28　葡萄糖的对映异构体

3.4.2　识别同分异构体的重要性

有机化合物广泛存在同分异构现象，有些同分异构体性质存在很大差异，如果没有认真研究，会导致错误的认识、错误的应用，甚至会酿成悲剧。如用于治疗类风湿性关节炎的药物青霉胺，有两种镜像异构体，一种有效，一种却产生反效果。肺结核药物乙胺丁醇，其右旋体对细胞内外的结核菌有显著的抑制作用，而它的镜像异构体会造成失明。

1957 年，德国一家小医药公司推出一种可以治疗失眠、防止孕妇呕吐的有镇静作用的新药——反应停。推销广告声称，该药无副作用，不会上瘾。许多欧洲、加拿大的孕妇服用了这种药。1958 ～ 1962 年间，欧洲、加拿大约有 8000 名新生儿患上了"海豹肢畸形病"，成为一大惨剧。后来查明，这种合成药含有两种对映异构体，其中一种有镇静作用，另一种在人体的生理条件下会转变成对胚胎发育有致畸作用的有害异构体。当孕妇在妊娠期前 3 个月服用反应停，会抑制婴儿血管的生长，使婴儿四肢难以发育，给婴儿造成极大伤害。当年，在美国没有发生这一药物的伤害事件，归功于一位在美国食品与药品管理局工作的博士。在审查申请该药上市的公司提供的资料时，她发现该药助眠效果对人显著，对动物不显著，还发现申请资料的数据中证明该药安全的数据全来自于动物实验。她怀疑该药对人与动物的作用是否相同，能否依据动物安全实验确认对人也是安全的。她坚持要有更多的研究文件记录和数据，面对申请公司的压力，最终阻止了反应停在美国上市，使美国儿童免受畸形病的威胁。她因此于 1962 年荣获了杰出联邦公民服务总统勋章。

3.5 物质的组成结构决定物质的性质

物质中微粒间作用力的类型与物质性质有着密切关系。结构决定性质，性质又在很大程度上决定了它的应用。例如，碳元素形成的单质有炭黑、石墨、金刚石、富勒烯、碳纳米管、石墨烯等，它们是碳的各种同素异形体（见图1-10）。金刚石晶莹美丽，光彩夺目，硬度大，熔点高，化学性质稳定。这是由于金刚石晶体中每个碳原子都以共价键与另外四个碳原子连接，构成正四面体的空间结构，晶体中 C — C 共价键强度大。石墨是世界上最软的矿石之一，具有细鳞片状的片层结构特征，有深灰色的金属光泽，不透明，密度比金刚石小，熔点高。石墨晶体中每个碳原子以三个共价单键和邻近的三个碳原子结合，构成六角平面的片层网状结构，这些片层网状结构之间是以分子间力结合起来的，结合力较弱，因此石墨晶体容易沿着与层平行的方向滑动、裂开，具有润滑作用。晶体中每个碳原子还有 1 个外层电子可以在层上自由移动，使石墨具有层向的良好导电、导热性能。石墨有这些特点，因此被广泛应用于制作电极、高温热电偶、坩埚、润滑剂。C_{60} 分子具有与石墨和金刚石完全不同的结构，它由 60 个碳原子组成一个类似足球的球形笼状结构。球面上 60 个碳原子连接成 12 个五边形和 20 个六边形。C_{60} 的独特结构使它具有许多化学特性，显示出巨大的潜在应用前景。把石墨片剥成单层之后，就形成了只有一个碳原子厚度的石墨烯。石墨烯具有非同寻常的导电性能、超出钢铁数十倍的强度和极好的透光性。在石墨烯中，电子能够极为高效地迁移，远远超过电子在一般导体中的运动速度。这使它具有了非同寻常的优良特性，应用前景十分广阔。利用石墨烯可以开发制造出纸片般薄的超轻型飞机材料，可以制造出超坚韧的防弹衣，甚至还能为"太空电梯"缆线的制造打开希望之门。碳纳米管可以看成是由石墨烯的一个片层卷成的直径处于纳米尺度的空心管子，管的两端以碳 60 的半球封盖。碳纳米管的笼状管网结构十分独特，它的长度与半径的比大，有优良的力学性能、良好的导电性能，因此，在许多领域得到应用。

化合物中微粒作用的差异、化学键的类型、分子与晶体结构的特点，对化合物的性质起了决定作用。例如，干冰晶体中，二氧化碳分子靠微弱的分子间作用力维系着，吸收一定的能量，即升华为二氧化碳气体；二氧化碳分子中碳原子和氧原子之间以共价键结合，作用力强，所以二氧化碳分子不易发生分解。又如，在氯化钠晶体中，Na^+ 与 Cl^- 以离子键结合，作用力强，在高温熔融状态下能形成自由移动的离子，具有导电性。水分子间氢键的存在导致水的熔、沸点较高。在冰晶体中，水分子间形成的氢键比液态水中多，致使冰的微观结构中出现较大的空隙，因此，相同温度下冰的密度比水的小。

有机化合物结构的多样性、复杂性，是有机化合物种类繁多的主要原因。有机化合物的许多性质特点，也是有机化合物结构特点所决定的。有机化合物大多是分子晶体，分子间范德华力较弱，所以有较低的熔点（一般在300℃以下）、沸点。有机化合物分子大多易溶于乙醇、乙醚、丙酮、苯、汽油等有机溶剂。大多数有机化合物是非电解质，可燃，受热易分解。有机化合物反应大多发生在分子间，分子结构复杂、分子体积大，各基团间相互影响复杂，反应速率较慢（常需要加热、光照或催化剂，以加速反应），副反应多，产率较低，产物往往是混合物。

阅读本章后，你知道了什么？

大量的原子、分子、离子通过相互作用构成了形形色色的物质。许多物质在固体状态能形成具有一定几何外形的晶体。晶体中依据构成晶体的微粒及其作用力的类型，有离子晶体、共价晶体、分子晶体和金属晶体等类型。

1. 晶体可以看成是晶胞在空间连续重复延伸而形成的。也可以说，晶体是无数晶胞无隙并置而成的。晶胞是能够反映晶体结构特征的最基本的几何单元。晶体具有一定的几何外形，是由于构成晶体的微粒（离子、原子或分子）在三维空间有规则地排列。晶胞的结构反映了晶体的结构特点。

2. 离子晶体是阴、阳离子以一定规则在空间排列形成的。离子晶体中，离子周围与它等距离的异电性离子数目的多少主要取决于阴、阳离子（半径）的相对大小。阴、阳离子间作用力的大小可以用晶格能来衡量。离子晶体的晶格能越大，说明离子晶体中的离子键越牢固，晶体的熔点一般越高。离子晶体处于熔化状态或在水溶液中粒子间作用力被削弱，成为可以自由移动的离子，能导电。

3. 元素原子可以以一定方式相互结合，以一定的连接顺序，构成分子。分子中各原子在三维空间的排列决定于直接相邻的原子间形成共价键的方式，共价键的键长、键角。分子中各原子的空间相对位置决定了分子的形状（空间结构）和性质。科学家运用结构模型、结构图式来表示分子的空间结构。科学家可以用实验手段和建立的理论模型来分析、推测分子的空间构型。

共价分子间存在微弱的范德华力，在固体状态，可以形成分子晶体。分子晶体中，分子间作用力微弱，分子晶体一般硬度较小，熔点较低。有的共价分子中电荷分布不均匀，形成极性分子；有的分子中电荷分布均匀，形成非极性分子。分子的极性、分子间范德华力大小对物质的性质有一定的影响，可以解释日常生活和自然界中的一些现象。

4. 元素的原子还可以通过共价键按一定的连接顺序直接连接，构成共价晶体（如金刚石、石英晶体）。晶体中不存在分子的结构单元。晶体中，直接相连接的原子间的共价键也有一定的键长、键角，各原子在空间的相对位置也是一定的，也具有特定的空间结构。

共价晶体原子间的共价键作用力强，硬度和熔点都较高，化学稳定性好。电子被束缚在化学键中不能参与导电，所以大多不导电。

5. 金属原子通过金属键结合形成金属晶体。金属晶体中，金属原子按一定规律在三维空间紧密堆积形成晶体。金属晶体中金属原子在三维空间有不同的堆积方式，形成的金属晶体的晶胞有 4 种基本类型。

6. 碳元素的原子有很强的成键能力，碳原子间、碳原子和其他非金属原子间可以通过四个共价键结合；碳原子间可以结合形成长短不同的碳链或碳环，碳链或碳环上还可和其他元素原子或原子团连接形成各种分子组成和结构不同的有机化合物。因此，有机化合物的种类繁多。具有相同分子式、组成一样的有机化合物分子，可以形成不同的分子结构，形成同分异构体。有机化合物普遍存在的同分异构现象主要有五种：碳链异构、位置异构、官能团异构、立体异构（包括顺反异构与对映异构）。

有机化合物分子结构的特征（碳键的类型、分子中含有的官能团的种类）决定了它的化学性质特点。可以依据有机化合物的结构特点给有机化合物分类。

分析研究有机化合物的分子结构，要注意从有机化合物分子的碳骨架结构（特别是碳键的类型）和分子中所含的官能团分析它的结构特点。有机化合物的同分异构体性质也可能有很大差异，考虑有机化合物的应用，一定不能忽略有机化合物结构差异对性质的影响。

7. 物质的微观结构研究十分艰难，无数化学工作者和科学家，运用实验手段（如 X 射线晶体衍射方法、波谱分析方法），从大量事实、数据中，通过分析，运用想象、模型化、推理论证的方法，对物质的微观结构有了比较全面而深入的认识，但还有许多问题有待进一步研究、探索。

4

洞察化学变化特征
分析物质变化类型

物质总在运动、变化中。水的状态变化，物质的溶解、结晶，岩石的风化，绿色植物的光合作用，燃料的燃烧，生物体的生长、发育和衰亡，都是大家所熟悉的。物质的变化种类繁多、错综复杂。科学家依据物质变化过程是否有新物质生成，把物质变化分为物理变化和化学变化。化学科学着重研究物质的化学变化。实际上，物质的变化，往往既有化学变化也有物理变化，并非是非此即彼的。对变化作分类，是为了使研究目标更明确、更方便、更有效。

研究化学变化，既要从宏观上研究变化的结果、伴随发生的现象、变化的快慢和规律，也要在原子、分子的水平上研究化学变化发生的本质与原因，解释、说明变化的现象、变化的规律，预测物质在某种条件下可能发生的化学变化。化学变化有的轰轰烈烈，有的悄无声息；有的可以在瞬间完成，有的却非常缓慢；有的会释放出热和光，有的需要吸收热能和电能；有的可以在通常条件下发生，有的需要在特定的条件下进行……化学家要通过观察、实验，收集大量的变化现象，运用分类、比较、分析、统计、归纳、想象、假设、论证等科学方法，探究变化的实质和规律，研究如何控制、利用物质的变化，促进社会的可持续发展，提高人类的生活质量。

4.1　什么是化学变化的本质特征

化学变化不同于其他类型变化的最根本特征是什么？化学变化发生了哪些可以观察到的宏观现象？在这些变化背后，构成物质的分子、原子又发生了什么样的变化？

4.1.1　化学变化的本质

化学变化的最根本特征是变化中有新物质生成。发生化学变化的物质，会转化为新的物质。比如，酒精燃烧，生成新的物质——水蒸气和二氧化碳。水蒸气、二氧化碳是不同于酒精的物质，是"新"物质。水沸腾汽化生成水蒸气，水结冰，都没有新物质生成，因为水、水蒸气、冰都是由水分子构成的，只不过水分子的运动状态改变了，水分子的间隔距离变化了，状态不同了。在通常压力下，只要温度改变到一定数值（水的沸点、熔点），液态水、水蒸气、冰就可以相互转化。化学变化生成的新物质，其组成元素仍然是发生变化的物质（反应物）所含有的元素。化学反应中，组成反应物的元素既不会变成其他元素，也不会消失，更不会无中生有生成新的元素。古代炼丹、炼金术士却深信可以用溶解、熬煮、火烧、熔化、炼制的方法，用精心挑选的原料制得"长生不老药"，炼出黄金。他们不知道他们所使用的这些方法，虽然能引起化学变化，生成新物质，但不可能把不含金元素的物质变成由金元素组成的黄金，也不可能得到含有人体必需元素的营养物质。他们的幻想背离了化学变化的本质特征，当然不能获得成功。当然，他们无意间所做的物质变化的尝试，大多会引起各种化学变化，因此认识了不少化学变化的现象，积累了不少引发、辨别化学变化的经验知识，为化学科学的建立做出了不少有益的贡献。

今天，化学家们能通过各种化学变化，运用化学方法制造、创造各种各样自然界中不存在的、具有各种新奇特性的物质，其根本原因，就在于化学变化可以生成新物质。有的科学家说，化学创造了一个崭新的物质世界，不无道理。在已知的 8000 多万种物质中，绝大多数是化学家们运用化学变化创造出来的有机化合物。

通常，人们用化学方程式表示一种化学反应，由哪些反应物生成哪些生成物。但是反应过程往往没能显示出来。如果要表示发生的过程或机理（说明反应是如何进行的），要用分步反应的化学方程式或其他反应图式，把反应过程做更仔细的说明。例如，双氧水（过氧化氢的水溶液）在二氧化锰、碘化钾等物质作催化剂时，能迅速分解放出氧气。反应都不是一步完成的。碘化钾的碘离子催化过氧化氢的分解反应过程是经过下列两步循环发生的反应：

$$H_2O_2 + I^- \longrightarrow H_2O + IO^- （慢反应） \tag{1}$$

$$H_2O_2 + IO^- \longrightarrow H_2O + O_2\uparrow + I^- （快反应） \tag{2}$$

总反应：$2H_2O_2 \xrightarrow{KI} 2H_2O + O_2\uparrow$

化学反应有新物质的生成，是以反应物的消耗为代价的。用双氧水制备氧气，要消耗双氧水。为了解决化石能源的紧缺，人们想用大豆生产植物汽油。消耗大豆，可能造成人类食品和牲畜饲料的紧张，人们不得不在两者之间权衡利弊。粮食作物生产，需要消耗水和肥料，水资源和作物肥料成为制约粮食作物生产的重要因素。因此,哈伯合成氨的发明,让他赢得了诺贝尔化学奖。海水淡化,成了解决淡水资源不足的重要途径。

4.1.2　化学变化中的质变与量变

化学反应是组成物质的元素原子重新组合,组成反应物的各元素原子间的化学键断裂,原子间按一定方式形成新的化学键,结合成生成物。反应体系中,组成物质的元素种类、各元素原子的数量、原子的相对质量都没有发生改变,因而质量是守恒的,即参加反应的物质总质量恒等于反应生成物的总质量。例如,80g 的氢氧化钠(NaOH)和 98g 硫酸(H_2SO_4)完全反应,生成的硫酸钠(Na_2SO_4)和水(H_2O)质量总和一定是 178g。化学反应中,能量也是守恒的。但是,这不意味着反应中没有质量和能量的变化。反应过程中,反应物之间按一定的比例关系发生反应,各反应物数量随反应的进行按比例逐渐减少。反应各生成物的数量也有一定的比例关系,随反应的进行,各生成物按一定的比例关系逐渐增加,直至反应结束。化学方程式中,各反应物和生成物的计量数反映了化学反应过程所遵循的数量关系。例如,NaOH 和 H_2SO_4 反应,各反应物和生成物之间的数量关系是:

$$2NaOH + H_2SO_4 =\!=\!= Na_2SO_4 + 2H_2O$$

$$80g \qquad 98g \qquad\qquad 142g \quad 36g$$

或者　　　　 2mol 　　 1mol 　　　　 1mol 　 2mol

此外,在反应过程中,反应体系的某些性质也在逐渐发生变化。例如,在氢氧化钠溶液中,逐渐加入硫酸,氢氧化钠溶液的碱性逐渐降低(溶液的 pH 逐渐降低),到两者恰好完全反应,原来的碱性氢氧化钠溶液,变成中性(常温下 pH=7)的硫酸钠溶液,量变的积累产生了质的变化。

化学科学研究、化工生产,都依据化学反应中质和量的守恒和变化,来设计、控制反应的进程。

4.1.3　化学变化中的能量转化

化学变化不仅伴随着物质颜色、状态的变化,还会发生诸如气体放出、沉淀生成、发光发热等现象。加热和强光照射可能引发化学变化,化学变化能释放出热量，会发出光，说明化学变化伴随着能量的转化。

日常生活中、社会生产活动中常见的燃烧现象，就是发光、发热，剧烈的化学反应。燃料燃烧是人们获得光和热的重要途径，不仅日常生活中的烹饪、照明、取暖需要燃料燃烧提供热量与光，高新科技的发展也需要从化学变化中获得热、光和动力。例如，火箭要飞出大气层，全靠各种高能燃料的燃烧提供动力。

氢气之所以被认为是 21 世纪最具发展潜力的清洁、高效、安全的新能源，是人类的战略能源发展方向，是因为氢气在氧气或空气中能平静燃烧，放出大量热，反应生成的水蒸气不会对环境造成污染。科学家研究证明，除核燃料外，氢的发热值是各种燃料中最高的，每千克氢气完全燃烧能放出热量 142351kJ，是汽油发热值的 3 倍。

当今世界，不仅可以用液态氢气作为火箭发射的燃料，氢燃料电池汽车的产业化也在快速推广。预计 2020 ～ 2025 年，将会有 5000 ～ 10000 辆燃料电池车投入运行，到 2050 年能实现大规模应用。

氢气燃烧或者氢气在氢氧燃料电池中发生的变化，都是氢分子、氧分子中氢原子、氧原子间的共价键断裂，氢原子和氧原子重新组合，每两个氢原子和一个氧原子间形成新的共价键，结合成水分子，同时释放出能量。反应中生成的水分子所蕴含的能量少于生成它的氢气与氧气所蕴含的能量。反应中氢气和氧气的能量部分以热、光或电能的形式释放出来（图 4-1）。

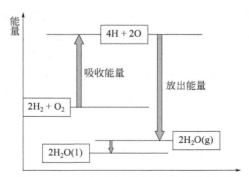

图 4-1　氢气与氧气反应过程的能量变化

$$2H_2 + O_2 \stackrel{}{=\!=\!=} 2H_2O$$

把海蛎壳等贝壳或者石灰石薄片放在火焰上灼烧几分钟，会变得容易碎裂，转化为白色粉状的生石灰。海蛎壳、石灰石中的主要成分碳酸钙（$CaCO_3$），在高温下吸收热能，分解生成氧化钙（生石灰的主要成分）和二氧化碳气体。

$$CaCO_3 \stackrel{煅烧}{=\!=\!=} CaO + CO_2\uparrow$$

绿色植物的叶绿体在光照条件下产生光合作用：绿色植物吸收太阳的光能，利用水和二氧化碳，合成有机物，释放出氧气的化学反应过程。光合作用发生的反应是在无声无息中进行的，不像燃烧那样剧烈，但是，光合作用养育了地球上的大量生物，包括人类。

绿色植物的光合作用，是一系列复杂的氧化还原反应（图 4-2）。绿色植物从根部吸收的水在叶绿体类囊体的色素分子作用下利用光能分解，转化为

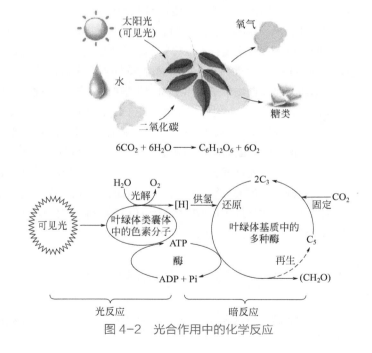

$$6CO_2 + 6H_2O \longrightarrow C_6H_{12}O_6 + 6O_2$$

图 4-2　光合作用中的化学反应

氧气，释放出氢。叶片从大气中吸收的二氧化碳气体在叶绿体基质中，在多种酶的催化下被固定形成分子中含三个碳原子的中间产物（称为3C化合物），3C化合物利用水分子光解释放出的氢还原形成糖类化合物（如葡萄糖、果糖、淀粉、纤维素等）和分子中含5个碳原子的中间产物（称为5C化合物）。光反应阶段从太阳光吸收光能，通过光合磷酸化作用把ADP与磷酸合成为高能的ATP分子，为暗反应阶段提供所需要的能量。ATP在释放出能量后重新转化为ADP和磷酸。因此，绿色植物的光合作用，可以把太阳的光能转化为生成的糖类的化学能，其他生物体食用绿色植物，摄取糖类等营养物质，从而利用这些营养物质所蕴含的一部分能量（即营养物质的化学能）。

人体就是一座高效奇异的化工厂。人体内每时每刻都在进行各种化学反应，把从食物中摄取的营养物质、从空气中获取的氧气，通过化学反应，合成我们得以生长、发育的各种化合物，分解、排出各种废物和有害物质，为我们提供进行各种活动所需要的能量，使我们充满生命的活力。

在地壳里、地表上、陆地上、江河湖泊中、沼泽地里，在广袤的自然界中，也同样无时无刻不在发生着各种各样复杂的化学变化。这些变化、反应大都是组成各种物质分子中原子（离子）重新排列组合生成新的化合物分子的过程，在本质上是化合物分子中原子间旧化学键的断裂和新化学键形成的过程。化学反应也是化学物质中原子、离子、分子相互作用方式改变的过程。在反应过程中化学键的断裂需要消耗一定的能量，新的化学键的形成会放出一定的能量。旧化学键断裂消耗的能量与新化学键形成释放的能量的差值，决定了该反应是吸收还是释放出能量。化学反应从外界吸收的能量包括从环境中获得热，外界提供的光能、电能等。吸收的能量可以转化为化学能储存在反应生成物中。化学反应释放的能量也可以是热能或电能。因此，化学反应过程总伴随着能量的变化与转化。

4.2　怎样给变化多端的化学反应分类

化学反应变化多端。自然界或生产、生活中发生、运用的化学反应是非常奥妙、神奇的。

4.2.1　常见的几种化学反应类型

为了研究方便，可以从不同视角，依据反应的特征把纷繁复杂的化学反应加以分类研究，以揭示化学变化的规律。常见的化学反应分类有：

（1）按反应物与生成物的类别以及反应前后物质种类的多少，把化学反应分为化合反应、分解反应、置换反应、复分解反应四种基本类型。

① 化学合成（化合反应）。由两种或两种以上的物质生成一种新物质的反应，简单表示为 A+B $=$ C。氢气在空气或氧气中燃烧生成水蒸气的反应（ $2H_2 + O_2 \xrightarrow{\text{点燃}} 2H_2O$ ）、溶解在水中的二氧化碳气体部分与水生成碳酸的反应（ $H_2O+CO_2 = H_2CO_3$ ）是化合反应。

② 化学分解（分解反应）。一种化合物在特定条件下分解成两种或两种以上较简单的单质或化合物的反应，简单表示为 A $=$ B+C。例如，石灰石煅烧制造生石灰的反应（ $CaCO_3 \xrightarrow{\triangle} CaO + CO_2\uparrow$ ）、双氧水在酶的作用下分解放出氧气的反应（ $2H_2O_2 \xrightarrow{\text{酶}} 2H_2O + O_2\uparrow$ ）。

③ 置换反应（单取代反应）。一种单质和一种化合物生成另一种单质和另一种化合物的反应，简单表示为：A+BC $=$ B+AC。例如，稀盐酸（或硫酸溶液）能腐蚀铁、铝等金属器皿，是由于铁、铝等金属能和酸溶液发生置换反应，溶解生成氯化亚铁或氯化铝（或硫酸亚铁、硫酸铝），同时有氢气放出： $Fe + 2HCl = FeCl_2 + H_2\uparrow$ 。为了从含有碘化钾的海带浸泡液中制得碘单质（ I_2 ），制碘厂用氯气通入浸泡液，氯气可以与碘化钾溶液中的碘离子反应，生成碘单质和氯化钾溶液： $Cl_2 + 2KI = 2KCl + I_2$ 。

④ 复分解反应（双取代反应）。两种化合物互相交换成分，生成另外两种化合物的反应，简单表示为：AB+CD $=$ AD+CB。例如，用含氢氧化铝的胃药，治疗胃酸分泌过多的胃病，氢氧化铝和胃里的过多盐酸发生反应： $Al(OH)_3 + 3HCl = AlCl_3 + 3H_2O$ 。

复分解反应的本质是溶液中的离子结合成难电离的物质（如水）、难溶的物质或挥发性气体，而使复分解反应趋于完成。酸、碱、盐溶液间发生的许多化学反应是两种化合物相互交换成分，由参加反应的化合物水溶液中电离形成的自由移动的离子重新组合成新的化合物。可以说，复分解反应是离子或者离子团的重新组合。

（2）按化学反应中组成反应物的元素原子（离子）是否有电子的得失，可分为氧化还原反应、非氧化还原反应。例如，我国西汉时期的文献《淮南万毕术》里有关"曾青得铁，则化为铜"的记载，就是指利用铁粉与铜盐的溶液反应可生成金属铜。例如，金属铁与硫酸铜溶液反应，单质铁把硫酸铜溶液中 +2 价的铜离子（Cu^{2+}）还原为 0 价的铜原子，生成铜单质，金属铁中的铁原子（0 价）失去电子，被氧化为亚铁离子 Fe^{2+}，发生了氧化还原反应：

$$\overset{\overset{\displaystyle 2e^-}{\frown}}{Fe} + CuSO_4 = Cu + FeSO_4$$

又如，高炉炼铁的主要反应是一氧化碳气体把铁矿石中的主要成分氧化铁中的铁（+3 价）还原为铁单质，一氧化碳则氧化为二氧化碳，碳元素从 +2 价转变为 +4 价：

$$\overset{\overset{\displaystyle 3\times 2e^-}{\frown}}{Fe_2O_3} + 3CO = 2Fe + 3CO_2$$

而用硫酸溶液吸收氨气制得铵态氮肥硫酸铵的反应、用石灰改造酸性土壤［石灰与土壤中的酸性物质（磷酸）］的反应、在石灰窑中高温煅烧生成生石灰同时生成二氧化碳气体的反应，反应物中各元素的化合价均不发生变化，没有电子的得失（转移）发生，是非氧化还原反应。

$$3Ca(OH)_2 + 2H_3PO_4 = Ca_3(PO_4)_2 + 6H_2O$$

$$CaCO_3 \overset{\triangle}{=} CaO + CO_2\uparrow$$

氧化还原反应中，反应物中某些元素的化合价发生变化（化合价升高或降低），这些元素的原子（离子）在反应中会失去或得到一个或若干个电子。反应物中的某些元素化合价升高，必然也会有一些元素化合价降低，因为反应中电子总数是守恒的，元素原子（离子）得到的电子总数一定等于另一些元素原子（离子）失去的电子总数。

我们讨论过的燃烧就属于氧化还原反应。石蜡燃烧，石蜡中碳元素被氧化生成二氧化碳气体，氧气中氧元素还原生成水蒸气。

$$2C_{25}H_{52} + 76O_2 \xrightarrow{\text{点燃}} 50CO_2 + 52H_2O$$

燃烧不仅能在空气中进行，有的可燃物还能在其他氧化剂中进行。例如，镁条可以在空气中燃烧，镁单质氧化生成白色的粉末状氧化镁：

$$2Mg + O_2 \xrightarrow{\text{点燃}} 2MgO$$

点燃的镁条也可以在二氧化碳气体中燃烧，生成氧化镁，同时把二氧化碳还原为碳单质，析出黑色的碳单质：

$$2Mg + CO_2 \xrightarrow{\text{点燃}} 2MgO + C$$

活泼的金属单质，如钠、钾、镁等都能在二氧化碳气体中燃烧，因此这些活泼金属失火不能用二氧化碳灭火器扑救。

氢气不仅可以在氧气中燃烧，还能在氯气中燃烧，生成氯化氢气体：

$$H_2 + Cl_2 \xrightarrow{\text{点燃}} 2HCl$$

利用这个反应，可以用氢气、氯气化合生成氯化氢气体，用水吸收氯化氢气体制得重要的化工原料盐酸。

氧化还原反应多种多样。有的氧化还原反应是在同一物质的分子中同一价态的同一元素间发生的，同一价态的元素在反应过程中发生"化合价变化上的分歧"，有些升高，有些降低。这类氧化还原反应称为歧化反应。歧化反应只发生在具有中间价态的元素上。如，用氢氧化钠溶液吸收氯气，氯气与氢氧化钠溶液反应，0 价态的氯原子发生歧化反应生成次氯酸钠和氯化钠。次氯酸钠中氯元素是 +1 价的，氯化钠中氯元素是 -1 价的。

$$Cl_2 + 2NaOH = NaClO + NaCl + H_2O$$

得到的溶液中含有次氯酸钠（NaClO），有漂白、杀菌作用。

有的氧化还原反应，是在物质中不同价态的同种元素之间发生的，即同一元素的价态由反应前的高价和低价都转化成反应以后的中间价态，化学反应中不同价态的元素的化合价只向中间价态靠拢，而不发生交叉变化，这类反应称为归中反应。例如，盐酸和漂白液（或漂白粉）混合，会发生反应：

$$NaClO + 2HCl = Cl_2 \uparrow + NaCl + H_2O$$

生成具刺激性气味、有毒的氯气。因此，含盐酸的洁厕灵不能与含有次氯酸钠（NaClO）或次氯酸钙［Ca(ClO)₂］的漂白剂（如 84 消毒液、漂白粉等）混用。不小心混用了，要及时用大量清水冲洗，并保持厕所良好的通风。

归中反应和歧化反应是两类相反的反应。

（3）离子反应：有离子参加的反应。离子化合物的水溶液、熔化状态的离子化合物能发生离子反应，食盐水通电电解发生的反应就是一种离子反应。食盐水中存在氯化钠电离生成的氯离子、钠离子，溶液中的水还能微弱电离出少量氢离子、氢氧根离子。电解时，氯离子被氧化生成氯气，水能持续电离生成氢离子，并被还原为氢气，电解后，溶液的钠离子、氢氧根离子就组成了氢氧化钠溶液：

$$2NaCl + 2H_2O \xrightarrow{\text{通电}} 2NaOH + Cl_2\uparrow + H_2\uparrow$$

该反应用实际参加反应的离子来表示，可以写成如下的离子方程式：

$$2Cl^- + 2H_2O \xrightarrow{\text{通电}} 2OH^- + Cl_2\uparrow + H_2\uparrow$$

氯气与氢氧化钠溶液反应，盐酸和漂白液的反应，也是离子反应：

$$Cl_2 + 2OH^- \rule[0.5ex]{2em}{0.4pt} ClO^- + Cl^- + H_2O$$

$$ClO^- + Cl^- + 2H^+ \rule[0.5ex]{2em}{0.4pt} Cl_2\uparrow + H_2O$$

酸、碱、盐在水溶液中能电离成相应的氢离子、酸根离子、金属阳离子、氢氧根阴离子，它们在水溶液间的反应都是离子反应。例如，上文提到的含氢氧化铝的胃药中和过多胃酸的反应：

$$Al(OH)_3 + 3HCl \rule[0.5ex]{2em}{0.4pt} AlCl_3 + 3H_2O$$

用石灰改造酸性土壤，石灰与土壤中的酸性物质（磷酸）的反应：

$$3Ca(OH)_2 + 2H_3PO_4 \rule[0.5ex]{2em}{0.4pt} Ca_3(PO_4)_2 + 6H_2O$$

它们都是离子反应，前者可以用离子方程式表示为：

$$Al(OH)_3 + 3H^+ \rule[0.5ex]{2em}{0.4pt} Al^{3+} + 3H_2O$$

离子方程式中，没有发生电离的物质用化学式表示。

（4）自由基反应。科学家研究发现，燃烧之所以很剧烈，是因为它是反应速率极快的自由基反应。科学家对化学反应的研究中发现，某些反应物分子在光和热等外界因素的作用下，分子中原子间的共价键会断裂，形成含有不成对电子的原子团（称为自由基）。这些自由原子或自由基，在一般条件下是不稳定的，有很强的反应活性，容易与其他物质的分子反应生成新的自由基，也会自行结合成稳定分子而消耗。如果生成的自由基多于消耗的，反应一经发生，就会自行加速发展下去，在瞬间引起多次的循环的连续反应（链锁反应，也称为链式反应），直至反应物耗尽。如果反应过程中由于某种原因，自由基消失了，链锁反应就会终止。例如，在光的照射下，氯气和氢气的反应就是自由基反应。在广口瓶中收集体积比为1:1的氢气和氯气的混合气体，瓶口用厚纸片盖上，用镁条燃烧发出的强光照射广口瓶中的混合气体，混合气体会迅速发生爆炸性反应，厚纸片被冲开，生成的氯化氢气体在空气中与水蒸气形成白雾。反应的发生是由于氯气在光照下，分子吸收光能被活化，氯分子中两个氯原子间的共价键断裂，形成自由的氯原子，氯原子最外电子层上存在未成对电子，非常活泼，能与氢分子反应，生成自由氢原子，引发链锁反应：

$$Cl_2 \longrightarrow Cl\cdot$$

$$Cl\cdot + H_2 \longrightarrow H\cdot + HCl$$

$$H\cdot + Cl_2 \longrightarrow Cl\cdot + HCl$$

······

可燃物的燃烧反应，是反应物分子在热和光的作用下，生成游离的自由原子或自由基，引发的复杂的自由基链锁反应。

地球大气的平流层（海平面以上15～50km的大气层），存在地球的保护伞——臭氧层，臭氧层是由于高空氧气在太阳辐射的作用下发生自由基反应而形成的。

太阳光中能量较高的紫外线穿过宇宙到达地球的大气层，到达平流层后，紫外辐射引发下列链锁反应：

氧气分子吸收波长不超过242nm的紫外辐射，分解成两个氧原子：

$$O_2 \xrightarrow{\text{紫外辐射}} 2O$$

反应生成的氧原子与氧分子迅速结合成臭氧分子：

$$O + O_2 \longrightarrow O_3$$

反应生成的臭氧分子吸收波长不超过 320nm 的紫外辐射，又会分解成氧分子和氧原子：

$$O_3 \xrightarrow{\text{紫外辐射}} O + O_2$$

一些臭氧分子还可与氧原子结合生成两个氧分子，发生慢反应，消耗氧原子和臭氧：

$$O + O_3 \longrightarrow 2O_2$$

在平流层上述几个反应循环进行，可以达到平衡状态，O_3、O、O_2 的浓度基本维持不变，在厚约 20km 的一层大气里，臭氧浓度相对较大，形成臭氧层。

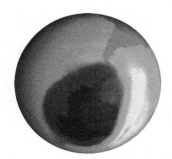

图 4-3 南极上空的臭氧空洞
（2000 年资料）

臭氧层中的氧气和臭氧能吸收紫外辐射，使达到地面的紫外辐射大大减少，大大减弱紫外辐射的危害，成为抵制太阳紫外线大量入侵地面的保护伞。但是，20 世纪 80 年代左右，科学家发现，超音速飞机释放的一氧化氮气体和人工合成的用于冷冻剂的氟氯烃气体进入平流层，引发了使臭氧浓度降低的自由基反应，形成臭氧空洞（图 4-3），使到达地面的紫外辐射增多，危害人类健康。

例如，氟氯烃吸收波长不超过 220nm 的紫外辐射产生氯原子自由基，后者与臭氧分子作用，转化为氧分子和 $ClO\cdot$ 自由基，并发生如下的一系列连续反应：

$$CF_2Cl_2 \xrightarrow{\text{紫外辐射}} Cl\cdot + CF_2Cl\cdot$$

$$O_3 + Cl\cdot \longrightarrow ClO\cdot + O_2$$

$$2ClO\cdot \longrightarrow ClOOCl$$

$$ClOOCl \xrightarrow{\text{紫外辐射}} ClOO\cdot + Cl\cdot$$

$$ClOO \cdot \longrightarrow Cl \cdot + O_2$$

上述各步反应的总反应造成了臭氧的分解：

$$2O_3 \longrightarrow 3O_2$$

而反应过程中 $Cl \cdot$ 没有消耗，一个 $Cl \cdot$ 平均可以催化分解 10^5 个 O_3，会持续造成臭氧层的破坏。

为了护臭氧层，人们做出了巨大努力。在联合国环境规划署的发起下，各国于 1985 年制定了《保护臭氧层维也纳公约》，接着于 1987 年制定了关于处理某些耗损臭氧层物质的《蒙特利尔议定书》，限制生产和使用氯氟烃。此后，观察发现 21 世纪后臭氧层空洞得到了一定程度的修补。

（5）有机反应。有机化合物分子间的反应被称为有机反应。有机化合物种类繁多，有机化学反应类型自然也就多样而复杂。

有机化学反应按反应形式可分为取代反应（包括卤化反应、硝化反应、磺化反应、酯化反应、氨化反应、水解反应、酰化反应、氰化反应等）、加成反应、消去反应、加聚反应、缩聚反应等；按反应机理又可分为自由基反应、离子型反应，亲电反应、亲核反应等。

一些有机化合物还能在一定条件下发生异构化反应：化合物分子结构改变，但化学组成不变化。例如乙烯醇能变化为乙醛：

$$CH_2 = CH-OH \longrightarrow CH_3CHO$$

D- 葡萄糖溶解在水中，大多数分子从线型结构变成环状结构（图 4-4）。

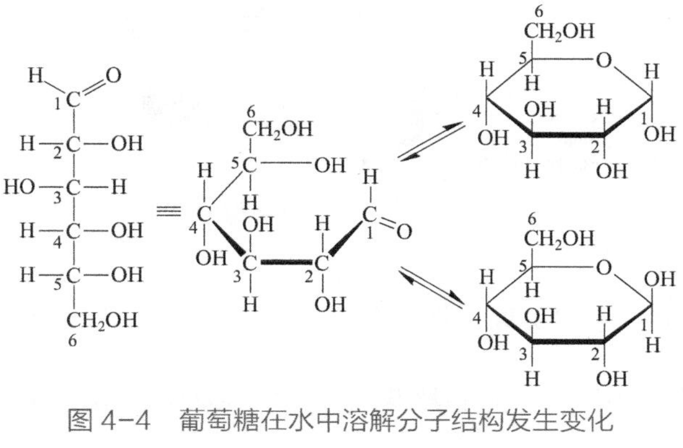

图 4-4　葡萄糖在水中溶解分子结构发生变化

不少有机反应也是自由基反应。用一只集气瓶作反应容器，用排饱和食盐水法在集气瓶中先后收集 4/5 体积的氯气和 1/5 体积的甲烷气体，用光照射瓶中的混合气体。过一段时间，瓶壁上可观察到有油状液体生成物附着，甲烷和氯气在光照条件下发生取代反应，取出瓶子，得到四种取代物：一氯甲烷、二氯甲烷、三氯甲烷、四氯化碳。

$$CH_4 + Cl_2 \xrightarrow{\text{光照}} CH_3Cl + HCl, \quad CH_3Cl + Cl_2 \xrightarrow{\text{光照}} CH_2Cl_2 + HCl$$

$$CH_2Cl_2 + Cl_2 \xrightarrow{\text{光照}} CHCl_3 + HCl, \quad CHCl_3 + Cl_2 \xrightarrow{\text{光照}} CCl_4 + HCl$$

该反应是一个自由基型链反应。氯气分子在光照或加热条件下形成氯原子，即氯自由基（Cl·）；氯自由基与甲烷分子发生碰撞时，从甲烷分子中夺得 1 个氢原子，生成氯化氢分子，甲烷则转变为甲基自由基（CH₃·）；甲基自由基与氯气分子发生碰撞时，从氯气分子中夺得 1 个氯原子，生成一氯甲烷分子，氯分子转变为氯自由基（Cl·），氯自由基可以重复进行反应（图4-5）。一氯甲烷也能与氯气发生反应，生成二氯甲烷和氯原子自由基：

$$CH_3Cl + Cl_2 \longrightarrow CH_2Cl_2 + Cl \cdot \cdots\cdots$$

引发一系列链式反应。

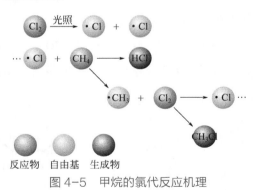

反应物　自由基　生成物

图 4-5　甲烷的氯代反应机理

4.2.2　化学反应无处不在

许多化学反应是我们在自然界、日常生产生活中经常观察或应用的。化学反应无处不在，只是我们常常"熟视无睹"、习以为常，或者知道而不认识。自然界中、化工生产中、生物体中发生的化学反应，各种类型都有，或先后发生或同时进行，有的各自独立进行，有的还互相影响、耦合，繁杂多样。

例如，钢铁器件在潮湿的环境下会生锈，总的看，是铁和空气中的氧气、水蒸气发生了氧化还原反应：

$$4Fe + 3O_2 + nH_2O == 2Fe_2O_3 \cdot nH_2O$$

实际上，钢铁的锈蚀，既有直接与反应物发生化学反应引起的，也有发生电化学反应引发的电化学腐蚀，而且电化学腐蚀比化学腐蚀更普遍。电化学腐蚀的发生是由于在潮湿的空气中，钢铁表面凝结了一层溶解有氧气的水膜，它与钢铁中的碳和铁形成了遍布钢铁表面的微小的原电池。在这些原电池中，铁是负极，碳是正极。

在负极，铁失去电子被氧化：

$$2Fe - 4e^- == 2Fe^{2+}$$

在正极，氧气在水的存在下发生还原反应：

$$O_2 + 2H_2O + 4e^- == 4OH^-$$

总反应：

$$2Fe + O_2 + 2H_2O == 2Fe(OH)_2$$

生成的 $Fe(OH)_2$ 进一步被 O_2 氧化生成 $Fe(OH)_3$，$Fe(OH)_3$ 脱去一部分水生成 $Fe_2O_3 \cdot nH_2O$，形成铁锈。

如果钢铁表面水膜的酸性较强，此时正极就会析出氢气发生如下的析氢腐蚀。

在负极，铁失去电子被氧化：

$$2Fe - 4e^- == 2Fe^{2+}$$

在正极，氢离子发生还原反应析出氢气：

$$2H^+ + 2e^- == H_2 \uparrow$$

总反应：

$$Fe + 2H^+ === Fe^{2+} + H_2 \uparrow$$

随着氢气的析出，水膜的 pH 上升，Fe^{2+} 与 OH^- 结合生成 $Fe(OH)_2$，$Fe(OH)_2$ 继续与空气中的 O_2 作用，生成 $Fe(OH)_3$，进而形成铁锈。

稀盐酸可以除去铁锈，则是盐酸和铁锈的主要成分氧化铁发生复分解反应，铁锈溶解生成氯化铁溶液：

$$Fe_2O_3 + 6HCl === 2FeCl_3 + 3H_2O$$

该反应也是离子反应，可表示为：

$$Fe_2O_3 + 6H^+ === 2Fe^{3+} + 3H_2O$$

又如，排入大气的二氧化硫气体导致酸雨的形成，发生的反应可简单表示为：

$$SO_2 + H_2O === H_2SO_3$$

二氧化硫气体溶于雨水生成亚硫酸，后者被氧化为硫酸：

$$2H_2SO_3 + O_2 === 2H_2SO_4$$

二氧化硫在大气中受某些金属氧化物尘埃催化氧化生成三氧化硫，后者溶于雨水生成硫酸：

$$2SO_2 + O_2 === 2SO_3$$

$$SO_3 + H_2O === H_2SO_4$$

在人体中，时时刻刻都有各类有机化学反应发生。例如：

① 葡萄糖在体内的转化。葡萄糖（D- 葡萄糖）是人体的重要营养物质。人体内的葡萄糖，有的溶解在血液中（成为血糖），有的形成糖原（葡萄糖聚合而成的高分子聚合物，可以逐渐分解为葡萄糖进入血液，转化为血糖），分别储存在肌肉组织和肝脏中（称为肌糖原、肝糖原）。多余的葡萄糖还可以转化为脂肪储存起来，作为人体能源物质储备。葡萄糖在人体内发生许多复杂的有机反应，最终被彻底分解成二氧化碳和水，并生成 ATP，为人体活动提供能量：

$$C_6H_{12}O_6（s）+ 6O_2（g）\longrightarrow 6CO_2（g）+ 6H_2O（l）\quad \Delta H = -2804.6kJ/mol$$

在缺氧条件下，葡萄糖在酶的作用下可被还原为乳酸，为机体提供能量。例如，人在剧烈运动时，组织所需要的能量大大增加，无法通过有氧呼吸得以满足，人体组织会使葡萄糖氧化的中间产物丙酮酸被转化为乳酸，释放 ATP，提供机体急需的能量。

$$CH_3COCOOH + 2H \longrightarrow CH_3CH(OH)COOH$$

无氧氧化生成的乳酸来不及氧化为二氧化碳和水，在肌肉堆积，会引起局部肌肉的酸痛。在有氧条件下乳酸也可以氧化生成二氧化碳和水：

$$CH_3CH(OH)COOH + 3O_2 \xrightarrow{\text{酶}} 3CO_2 + 3H_2O$$

② 饮酒摄入的乙醇在体内的转化。人饮酒，乙醇（CH_3CH_2OH）进入人体，在体内酶的催化下发生有机反应，先在乙醇脱氢酶（ADH）的作用下脱氢氧化变成乙醛（CH_3CHO），生成的乙醛又会在乙醛脱氢酶（ALDH）的催化下，进一步脱氢氧化变成乙酸，乙酸可氧化生成二氧化碳和水。进入人体的过量乙醇会麻痹神经，引起酒醉。乙醇在体内反应的中间产物乙醛，是对人体有毒的物质。乙醛会舒张血管，使脸色发红。乙醛在人体内若没有被及时脱氢氧化成乙酸，可能附着在 DNA 上引起基因突变。乙醇会加剧乙醛对 DNA 的损伤，容易使人体组织发生癌变。因此饮酒不能过量。

不同的人，体内酶的含量与作用有所差异，乙醇在不同人体内发生转化反应的速率、转化程度不同。不同的人，饮酒后的状态也不完全一样。有的人体内 ADH 酶较多，ALDH 酶较少，摄入的乙醇容易转化为乙醛，乙醛不容易转化为乙酸，乙醛生成多消耗少，在体内积累，会引起血管舒张，造成饮酒后"脸红脖子粗"。有的人体内 ADH 和 ALDH 较少，摄入的乙醇要靠肝脏里另一种酶慢慢发生氧化，由于氧化效率不高，在血液中的乙醇要靠体液来稀释。这类人喝酒脸不易发红，但是人的体液含量有限，利用体液稀释乙醇浓度，一旦达到限度，乙醇浓度难以下降，就会立即发生酒醉。一些人体内乙醇或乙醛浓度过高时，心跳会加快，血管扩张，血压下降，为了保证体内主要脏器的血液供应，毛细血管会收缩，使血压回升。此时，面部末梢血管中血流受阻，血量减少，脸色会呈青色。有的人体内 ADH 和 ALDH 两种酶都比较多，乙醇最终转化为二氧化碳和水的速度快，脸不红也不青，也不易酒醉，但会大量出汗，把释放的热量排出。酗酒的人，血管经常不断地扩张和收缩，血管会变得脆弱，面部的毛细血管可能破裂，致使皮肤上出现小红点，容易患"酒糟鼻"。

人们为了研究物质的组成、结构、性质、制备与合成，需要综合运用多种化学反应制造合成各种物质。

例如，我们日常生活中经常用到的 PVC 塑料用品、板材、管道，是以聚氯乙烯塑料为主要原料制造的。聚氯乙烯塑料则可以以煤炭、工业盐、原油、水为主要原料，通过如图 4-6 所示的生产工艺合成。

图中的生产工艺流程涉及的主要化学反应有：

① 从煤的干馏（煤在隔绝空气加强热使之在高温下发生复杂的化学反应）获得焦炭（主要成分是碳单质），用焦炭在高温下和石灰石反应获得电石，电石与水作用生成乙炔。

$$CaCO_3 \xrightarrow{\text{高温}} CaO + CO_2 \uparrow$$

$$CaO + 3C \xrightarrow{\text{高温}} CaC_2 + CO$$

$$CaC_2 + 2H_2O =\!=\!= CH \equiv CH \uparrow + Ca(OH)_2$$

② 以工业盐的水溶液电解生成氢气、氯气、烧碱，利用氯气、氢气化合生成氯化氢气体。

$$2NaCl + 2H_2O \xrightarrow{\text{通电}} 2NaOH + H_2 \uparrow + Cl_2 \uparrow$$

③ 用上述两步反应得到的乙炔和氯化氢反应，生成氯乙烯。

$$CH \equiv CH + HCl \longrightarrow CH_2 = CHCl$$

④ 氯乙烯在一定条件下聚合生成聚氯乙烯（高分子化合物），它就是 PVC 的主要成分。

$$nCH_2 = CHCl \longrightarrow -\!\!\!-\!\!\!- CH_2 - CHCl -\!\!\!\!-_n$$

⑤ 直接使用石油产品石脑油（分子中 5 ～ 11 个碳原子的碳氢化合物）裂解得到乙烯。用氯气和乙烯发生反应，得到二氯乙烷。让二氯乙烷在一定条件下裂解，生成氯乙烯，后者聚合得到聚氯乙烯。

$$C_xH_y \xrightarrow{\text{裂解}} CH_2 = CH_2$$

$$Cl_2 + CH_2 = CH_2 \longrightarrow CH_2Cl - CH_2Cl$$

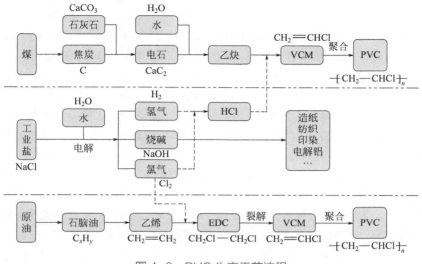

图 4-6 PVC 生产工艺流程

4.3 科学家怎样研究化学反应

任何研究都需要方法，化学反应的研究也不例外。研究物质及其变化和其他的科学研究一样，要利用科学方法，运用科学思维，揭示事物的本质及规律。化学研究的方法包括一般的科学方法、化学学科特殊的研究方法和哲学方法。

4.3.1 化学研究需要科学的方法

科学探究实践一般要经过发现问题、提出问题，做出猜想和假设，进行实验、收集证据，基于证据做出推理论证，通过分析归纳对问题做出解释或结论几个过程，化学研究也不例外。

发现问题、提出问题，是研究的前提。例如，人们在生产生活中会用到许多不同金属制成的用品。这些金属制品和陶瓷、木制品在外观、性能上有显著的差异，使用在不同的场合。为什么在不同场合要使用不同材料制造日用品？金属、陶瓷、木料的性能有什么不同？为什么会有这些不同？都是由金属材料制造的用品，为什么使用的场合也有差异？不同的金属在性能上有哪些差异？为什么会有差异？要怎样依据它们的性质来合理地使用它们？

要找到问题的答案，先要了解前人已经掌握了哪些知识，还有什么问题没有弄明白；再通过观察、比较，根据观察、实验获得的事实、已有的认识和经验，提出问题的可能答案。为了检验自己设想的真伪，要设计并进行实验，搜集与该问题有关的各种实验现象、数据，做分析、研究，证实或推翻原先的设想，找到答案。

例如，研究各种金属的化学性质的共同点和差异，要在相同的条件下观察或进行实验，比较它们的性能和发生的变化。只有排除了条件差异产生的干扰，才能找到金属本身性质上的差异。例如，比较不同金属和酸溶液作用的难易、剧烈程度，使用的不同金属实验样品，不仅要不含杂质，还要表面积大小、厚薄相同，表面没有油污锈斑，使用浓度相同的同一种酸的稀溶液，并在相同的温度下实验。要比较不同金属和酸溶液反应时消耗的金属和酸的数量关系，还要对反应中的数据做定量的测量、统计和分析，通过现象和数据的比较、分析得出结论，并用文字、化学符号、数据表对实验及其结论作简要的概括性说明。

任何理论或自然定律都是在一定的历史阶段、一定的条件下研究得到的。研究结论会受到社会与科学技术发展水平的限制，受到研究者认识与研究水平的限制。只有经得起人们检验，为人们公认的研究结论，才能成为科学知识。即使是已为人们所接受的研究成果，一旦有新的事实或探索结论，已经得到的认识、结论也会更新、补充和发展。原子结构模型的演变、共价键理论的发展、苯结构的研究、元素分类、元素间内在关系的研究与发展历程，都是大家熟悉的例子。

化学科学研究和科学发现，有偶然性，也有的产生于科学家的直觉。但是，偶然之中有必然的因素，敏锐的直觉背后有研究者对前辈科学家研究成果、研究经验和失败教训的了解、继承和借鉴，有研究者高超的学术、研究水平的支撑。

科学探索是无止境的，科学方法也在发展、创新。随着社会的进步、科学技术的发展，人类对物质世界的认识将更加深入，更接近客观事实。

4.3.2　观察和实验

化学反应伴随着肉眼可以直接或间接观察到的各种现象。例如，常温下的可燃物在空气中，随着所处环境温度的升高，到达某个时刻，会发火燃烧，发出光和热，留下灰烬和我们难以直接观察到的气体产物。科学家观察各种各样的燃烧现象，通过分析、归纳，得到一个认识：燃烧是发光发热的剧烈的化学反应（有新物质生成）；发生燃烧现象，要有可燃物，要有能支持可燃物燃烧的物质（如氧气），可燃物要达到一定的温度（这个温度称为可燃物的着火点）；在不同条件下，燃烧的生成物可能不同，变化的剧烈程度不同，燃烧完全的程度也可能不同。例如，汽油、煤油的燃烧，空气供应充足，可以完全转化为二氧化碳和水蒸气，否则会有一氧化碳或反应不充分的碳氢化合物、炭黑生成，排放出难闻的烟雾，造成污染。燃油蒸气充斥在环境中，一丁点儿的火星，就可以引起剧烈的燃烧爆炸，因为燃烧速率太快，极短的时间里大量燃油蒸气燃烧放出大量热，生成大量气体产物，引起周围空气迅速膨胀，发生爆炸。只有我们对化学反应有了比较全面的认识，才能找到引发、控制、利用化学反应的方法。

科学家研究化学反应，要通过对自然现象、实验现象的观察（包括运用各种仪器设备观察）、分析，收集、记录各种变化的现象、数据，反应发生的环境条件，发现问题，做整体的分析研究，找到问题的答案，认识反应的本质，寻找反应规律，并用各种化学符号、数据图表描述变化的过程、结果。

例如，我们都知道蜡烛燃烧，发生的反应是石蜡（主要成分是碳氢化合物）与氧气发生氧化反应，放热、发光、形成火焰。石蜡是含碳原子数 $18 \sim 30$ 的碳氢化合物，完全燃烧，生成二氧化碳和水蒸气。如用 $C_{25}H_{52}$ 代表石蜡的组成，可以用下列化学反应方程式表示燃烧发生的变化：

$$2C_{25}H_{52} + 76O_2 \xrightarrow{\text{点燃}} 50CO_2 + 52H_2O$$

上述化学方程式，只表示石蜡燃烧反应的反应物和生成物是什么，没有反映燃烧反应是怎么进行的。实际上，燃烧发生的化学反应非常复杂。

蜡烛燃烧，不仅会放出光和热，还能形成光亮的火焰。蜡烛火焰是怎么形成的？科学家法拉第在他的研究报告中曾指出气态可燃物、石蜡等熔沸点较低的可燃物气化后燃烧，或者在反应过程中有可燃的气态中间产物生成的可燃物（如木柴），燃烧时在对流的作用下会形成火焰。可燃物燃烧时释放的能量使即将发生反应的反应物熔化、气化、分解、断裂成分子片断或原子等微粒弥散在空气中，在反应过程中释放出的光子，在一定范围的空间中形成无数"光点"，这些光点汇聚在一起，就形成了火焰。

不同可燃物燃烧发出的光和热不同，火焰的温度高低也不同。蜡烛火焰的温度远比酒精燃烧的火焰温度低，不宜用作热源。它的火焰温度究竟有多高？有人采用实验方法测量蜡烛火焰横截面的温度分布，用测得的数据作图（见图 4-7），发现蜡烛在空气中燃烧，火焰的不同部位温度高低不同。火焰的最高温度区域很小，温度接近 2000K（1727℃）。从火焰焰心到外焰边缘，温度逐渐升高后又逐渐降低。焰心部位因空气较稀薄，石蜡蒸气燃烧不充分，温度不高。外焰的石蜡蒸气燃烧较为充分，但易与外界空气进行能量交换，火焰的温度反而偏低。最高温度出现在靠近内焰处。从数据图可以看到火焰大部分区域温度在 500 ～ 1000℃。

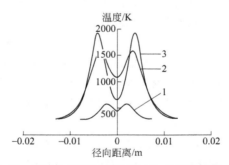

图 4-7　蜡烛火焰的温度分布（0 点是火焰的中心）

研究化学反应还可以运用实验，观察反应过程各阶段的现象或变化，建立反应过程模型，从中发现问题，探寻反应规律。例如，为了研究碳酸钙与稀盐酸反应快慢（反应速率的大小）的变化，可以测定在一定条件下碳酸钙与稀盐酸反应生成的 CO_2 气体体积随反应时间的变化，绘制出数据变化曲线（见图 4-8）。实验中发现，随着反应的进行，反应体系的温度逐渐升高，但是单位时间里反应放出的二氧化碳气体的体积起初增加慢，而后增加较快，接着又逐渐变慢，直至反应结束。依据已经发现的化学反应速率影响因素的研究成果来分析反应速率的变化，可以做如下解释：反应开始阶段随温度升高，反应速率加大；随着反应进行，盐酸在反应中消耗，浓度降低，使反应

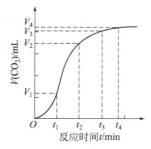

图 4-8　碳酸钙与稀盐酸反应生成的 CO_2 体积在反应过程中的变化

速率降低。当浓度降低对反应速率的影响超过温度的影响时，反应速率就随反应的进行降低。判断这个解释是否正确，可以再设计其他实验比较温度变化、盐酸浓度变化对盐酸和碳酸钙反应速率影响的大小。

4.3.3　科学探究

化学变化的研究，实际上就是科学探究的实践活动。例如，实验表明乙酸和乙醇在浓硫酸存在的条件下可以反应生成有浓郁香味、不易溶于水的油状液体——乙酸乙酯，同时有水生成：

$$CH_3COOH + CH_3CH_2OH \rightleftharpoons CH_3COOCH_2CH_3 + H_2O$$

化学反应中，反应物分子中某些化学键会断裂，同时会在反应的某些原子或原子团中生成新的化学键，导致新物质生成。乙酸和乙醇反应，水一定是 —OH 基团和 —H 原子结合生成的。—OH 基团是乙酸分子中的乙酰基（CH_3CO—）与羟基（—OH）基团间的化学键断裂提供的，还是乙醇分子中的乙基（CH_3CH_2—）与羟基（—OH）间的化学键断裂提供的？于是科学家使用同位素示踪法研究该反应，用分子中含有 ^{18}O 同位素的乙醇和分子中不含 ^{18}O 同位素的乙酸进行酯化反应，实验结果发现，在反应生成的乙酸乙酯分子中含有 ^{18}O 同位素。实验证明，是乙醇分子中的乙氧基（$CH_3CH_2^{18}O$ —）取代了乙酸分子羧基（—COOH）上的羟基（—OH）。也就是说，水是乙醇分子中的氢原子与乙酸分子中的羟基结合生成的。反应可表示为：

$$CH_3CO\boxed{OH} + \boxed{CH_3CH_2{}^{18}O}H \underset{\triangle}{\overset{\text{浓硫酸}}{\rightleftharpoons}} CH_3CO^{18}OCH_2CH_3 + H_2O$$

化学科学的学习，也需要运用科学探究的方法，在系统学习化学科学知识的同时，开展科学探究实践活动，了解什么是科学研究，培养问题意识，提高观察及设计、进行化学实验的能力，提高基于证据的推理、判断能力。

例如，大家都知道铁在潮湿的空气里容易生锈，金属生产设备的腐蚀、损坏会影响生产，钢结构桥梁、建筑物锈蚀、损坏可使之坍塌，地下金属管道腐蚀会泄漏……了解金属腐蚀的原因，寻求防腐蚀的方法和措施，是非常重要的。

铁锈疏松多孔，能让水分和空气中的氧气穿过它的空隙，不断向里层渗透，继续跟铁反应，直至铁被完全锈蚀。

空气中的氧气、水或水蒸气是不是钢铁锈蚀的外在原因？可以通过下列实验进行检验。

图 4-9　铁钉的锈蚀实验

取 5 枚洁净无锈的铁钉，分别放入 5 支试管中（图 4-9），静置 1 周，在实验的第 1、3、7 天做观察记录，再分析归纳实验现象，就可以做出判断：

在试管①中加入稀硫酸或醋酸溶液，浸没铁钉后，倒去溶液；在试管②中加入少量的氯化钠溶液，使铁钉的一半浸没在溶液中；在试管③中加入少量的蒸馏水，使铁钉的一半浸没在水中；在试管④中注满迅速冷却的沸水，塞紧橡皮塞；在试管⑤中加入少量干燥剂（生石灰或无水氯化钙），再放一团干棉球，把铁钉放在干棉球上，迅速塞紧橡皮塞。

实验告诉我们，铁钉表面附着或浸在酸、食盐溶液、水中，在没有与空气隔绝的情况下，容易生锈，在干燥的空气中、在几乎不含空气的水中不易生锈。可见，钢铁在水、空气的环境中会生锈。钢铁锈蚀是钢铁与氧气、水等物质相互作用的结果。

要了解钢铁发生的吸氧腐蚀反应，可以借助下列实验，通过实验现象的观察、分析，做推理判断。

在表面没有锈斑的钢铁片表面，滴一大滴含酚酞试剂的食盐水，静置观察两三分钟。可以观察到，液滴周围慢慢开始呈现淡红色，而后在液滴和钢铁的接触处出现锈斑，并逐渐扩大（图4-10）。

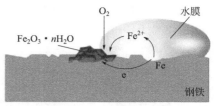

图4-10 钢铁片的锈蚀实验

而在液滴上缘、液滴中部的钢铁表面上，既没有出现红色，也没有出现锈斑。运用简单的化学知识可以做推断，钢铁是铁和碳的合金，碳分布在铁晶体中，在钢铁片表面的含酚酞食盐水的液滴边缘，水、空气、钢铁互相接触，三者相互作用，使溶液呈现碱性，酚酞试剂变红，碱性的形成是由于发生了反应：

$$2H_2O + O_2 + 4e^- = 4OH^-$$

反应中的电子来自钢铁中与液滴接触的铁表面的铁原子：

$$2Fe - 4e^- = 2Fe^{2+}$$

铁原子失去电子传递给合金中的碳原子，再由碳原子转给溶液中的亚铁离子。随后，亚铁离子与氢氧根离子结合生成氢氧化亚铁，后者继续氧化生成氢氧化铁，部分转化为氧化铁的水合物，形成铁锈（$Fe_2O_3 \cdot nH_2O$）。

$$Fe^{2+} + 2OH^- = Fe(OH)_2$$

$$4Fe(OH)_2 + O_2 + 2H_2O = 4Fe(OH)_3$$

液滴中的食盐电离出的钠离子、氯离子，加快了锈蚀反应。

又如，学习原电池反应原理，要解决的问题是：为什么干电池等化学电源不是发电机，却可以产生电能？为什么干电池等化学电源，只有一定的寿命，不像发电机，只要供给动力就可以源源不断产生电能？干电池使用一段时间，电压就下降，不能再使用，拆开外包装层，可以发现电池内部的锌壳被严重腐蚀。由此，提出问题：化学电源的电能，是否来自于电池内物质的化学反应？如果是，化学反应释放的能量又是如何转化为电能的？为了解决问题，通过原电池反应的实验观察和分析，运用氧化还原反应的原理做分析，设想能量转化的机理，再依据推想的原理设计制造一个简易的电池，来检验设想是否符合事实。问题解决了，学到了新的知识，同时提高了分析推理和实验能力。

阅读本章后，你知道了什么？

化学变化不同于物理变化在于有新物质生成。化学变化还伴随着能量的转化，还可能有各种现象伴随发生。化学变化是客观存在的，有自己的规律性。科学家可以通过感官，运用各种仪器、设备，直接或间接地观察记录变化的现象、数据、结果，通过分析、比较、归纳的方法，研究化学反应发生的过程和规律，从原子分子水平了解反应的发生原因、历程，研究影响化学反应的因素、控制化学反应的方法。还要把纷繁复杂的化学反应，从不同的视角加以分类，以提高研究效果，更好地揭示反应的本质和规律。

1. 化学变化的最根本特征是变化中有新物质生成。发生化学变化的物质，会转化为新的物质。因此，化学家能通过各种化学变化，制造、创造各种各样的物质，包括自然界中不存在的、具有各种新奇特性的物质。在已知的有机化合物中，绝大多数是化学家们运用化学变化制造、创造出来的。

化学反应中组成反应物的各元素原子间的化学键断裂，原子间按一定方式形成新的化学键，结合成生成物。反应体系中，组成物质的元素种类、各元素原子的数量、原子的相对质量都没有发生改变，因而质量是守恒的，即反应物的总质量恒等于生成物的总质量。化学反应过程中，随着反应的进行，反应物持续减少，生成物持续增加，直到反应结束或达到平衡状态。

化学科学用化学方程式表示化学反应，通常可以用一个化学方程式表示反应是由哪些反应物反应生成哪些生成物。不少化学反应，是由一系列反应相继发生的过程，要表示反应的历程，可以用几个化学反应方程式分步来说明，也可以用其他图式来说明。化学反应中，各种反应物、生成物之间有一定的数量关系。化学方程式中反应物、生成物化学式前的计量数的比例反映了各种反应物、生成物间的物质的量的比例关系。

2. 物质世界中化学反应无处不有，无时无刻不在发生。化学反应对人类的生活、生产有非常重大的影响。人们在生活、生产中要研究、利用、控制化学反应，制造、合成、创造所需要的物质，保障人类的健康和安全，保护生态环境，维持社会的可持续发展。

为了便于研究化学反应，更好、更有效地研究化学反应的规律，提高研究效率，要对化学反应做分类研究。可以从不同视角对化学反应进行分类。例如，可以从物质变化的形式，把一些常见简单化学反应分为化合、分解、置换、复分解反应。也可以从反应中反应物元素化合价是否发生变化（反应中反应物间是否有电子转移发生），把反应分为氧化还原反应或非氧化还原反应。有离子参加的反应，称为离子反应。有机化合物发生的反应，通常归为一类（有机反应）做研究。

3. 化学家要通过观察、实验，收集大量的变化现象，运用分类、比较、分析、统计、归纳、想象、假设、论证等科学方法，探究变化的实质和规律，研究如何控制、利用物质的变化。

5

探究化学反应原理
发现化学反应规律

面对物质世界时时刻刻发生的化学变化，人们会提出许多问题。例如：

为什么物质会发生化学变化？是什么力量促使一种物质转化为别的物质？

在一定条件下某些物质会发生反应生成其他物质，而相反的反应却不会发生。例如，高温下石灰石能分解生成生石灰和二氧化碳，而生石灰不会与二氧化碳反应生成石灰石？这是为什么？

为什么有些化学反应一旦发生，反应物会完全转化为生成物，而有些反应，即使反应条件具备，反应时间足够，反应物却不能完全转变为生成物。例如，酒精燃烧，只要有充足的氧气，可以完全烧尽，都转化为二氧化碳和水蒸气；而在炼铁高炉中，一氧化碳在高温下还原氧化铁，无论高炉建得多高，铁矿石多么充足，一氧化碳总无法都得到利用，总有一部分从高炉随着废气排出。这是为什么？

为什么不同的化学反应进行的快慢差异很大？同一个反应在不同条件下反应快慢也可能有很大差异？反应慢的几乎觉察不到；反应快的，瞬间就完成了。例如，石灰岩溶洞的形成要成千上万年的时间，火药棉一点燃，瞬间就化为气体。

有的化学反应要不断供给能量（如加热），才能持续进行；有的反应却会放出大量的热和光，这种差别原因在哪里？化学反应中吸收的热能到哪里去了？化学反应放出的热能、光能又来自哪里？

一种化学反应往哪个反应方向发生，反应进行的程度、反应发生的快慢，我们可以控制吗？

……

许许多多有关化学反应的问题，通过历代科学家锲而不舍的研究，许多已经得到解决，积累、形成了有关化学反应原理的知识。当然，也还有不少问题，没有完全彻底弄清楚，或者还没有找到答案，有待继续探索。运用化学反应原理知识，人们可以解释说明许多有关化学反应的现象，也可以指导化学反应的控制和利用，更科学合理地利用化学反应为人类造福。化学反应原理的掌握和运用，让人类变得更睿智、更有能力。

5.1　化学反应是有方向的

在炎热、干燥的季节里，森林大火容易发生。在常温常压下，可燃物的温度达到着火点时，不需要外界的帮助，能自动发生燃烧。然而，在同样条件下，可燃物燃烧的产物却不可能自动还原为可燃物。你想过这是为什么吗？科学家刨根问底，寻找答案，由此认识了一个化学反应的重要问题——化学反应具有方向性。

什么是化学反应的方向性？哪些因素决定了一个化学反应的方向？

科学家研究发现，在一定的温度、压强下，反应体系如果没有从外界获得能量（即外界环境没有对反应体系做功）的情况下，只可能自动朝一个方向进行，而不会自动朝相反的方向进行，即化学反应具有方向性。常温常压下氢气与氧气的混合物能自发反应生成水蒸气（虽然常温下反应速率极小，难以觉察到反应的发生），而水不能自发分解为氢气、氧气。如果反应体系能从外界获得能量（即外界能向体系做功），相反的反应才有发生的可能。例如，在电解条件下，以电能的形式提供能量，可以使水发生分解反应，转化为氢气、氧气。科学家把在一定条件下不需要外界提供能量就能自动进行的反应称为自发反应。一个反应能自发进行，称为反应的自发性。

为什么化学反应具有方向性？怎么判断一个化学反应在一定条件下能否自发进行？这与化学反应体系中能量的变化、混乱度的变化有关。

5.1.1　化学反应中反应体系能量的变化

化学反应体系中每一种物质内部都贮存着能量。化学反应体系中物质能量的总和称为反应体系的内能。化学反应中，能量是守恒的。一个化学反应体系，从始态变为终态，体系的内能发生变化，体系会向环境中传递热或者从环境中吸收热，也会对环境做功或者从环境中获得功（如转化为电能、光能、机械能等）。如果反应物转化为生成物的过程中吸收了能量，生成物的总能量就会大于反应物的总能量。反应物转化为生成物的过程中释放了能量，生成物的总能量一定小于反应物的总能量（图 5-1）。

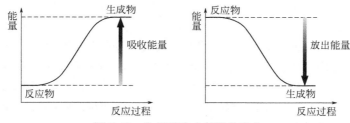

图 5-1　化学反应中能量的变化

从原子分子的水平分析，化学反应中能量变化的原因是什么呢？

研究表明，物质发生化学反应时，需要吸收能量以断开反应物中的化学键，在形成生成物中的化学键时放出能量。化学键断裂时吸收的能量与生成物中新化学键形成时释放的能量不同。若反应过程中断开化学键所吸收的能量大于形成化学键所放出的能量，则反应过程中吸收能量；反之，若反应过程中断开化学键所吸收的能量小于形成化学键所放出的能量，则反应过程中放出能量。例如，氮气和氧气反应生成一氧化氮的反应（图 5-2）。反应过程中，氮分子、氧分子中化学键要断裂，分别分解为氮原子、氧原子，这个过程要消耗能量；生成的氮原子和氧原子间形成新的化学键，转化为一氧化氮分子，会释放出能量。由于氮分子、氧分子中化学键断裂所需要的能量大于氮原子和氧原子形成化学键所释放的能量，所以，从总体的变化看，反应需要吸收能量。

为了研究方便，科学家用"焓变（ΔH）"表示在恒定的温度、压强下，反应体系能量的变化（反应体系反应后与反应前的能量之差）。$\Delta H < 0$，说明体系能量降低，反应放热；$\Delta H > 0$，说明体系能量增加，反应吸热。

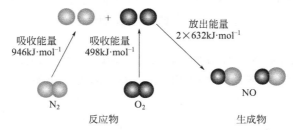

图 5-2　氮分子和氧分子化合生成一氧化氮分子的能量变化

5.1.2　化学反应中反应体系混乱度的变化

把一些葡萄糖撒入水中，葡萄糖最终会均匀分散到水中。即在葡萄糖和水存在的体系中，当体系不和外界发生物质和能量交换的情况下，葡萄糖分子自动地从有序排列的晶体中脱离，均匀分散到水中，体系的混乱度增大了。相反，要使均匀分散在水中的葡萄糖自动重新聚成排列有序的晶体，在不和外界发生物质和能量交换的情况下是不可能发生的。

科学上用熵（S）表示一个体系的混乱程度。一个系统的熵值越大，说明构成这个系统的大量、各种微观粒子的分布越均匀、运动状态越混乱，越难精确描述它的微观状态。一颗食盐晶体中有大量的钠离子、氯离子，它们在晶体中的分布排列、运动（在平衡位置上的振动等）是相对有序的。把它溶解于一杯水，构成晶体的大量的钠离子、氯离子最终会均匀分散到水中，整杯食盐水中微观粒子运动状态的混乱度大大增加。人们很难精确描述其中离子、分子的分布和运动状态（包括分子的转动、分子中电子的运动及原子核的自旋运动）。同一物质，处于固态、液态或气态时，混乱度依次增大，熵依次增大。

一个反应体系，发生某种化学反应，体系的熵发生变化，可能增大（熵增），也可能减小（熵减）。电解水的反应、碳酸钙的高温分解反应是熵增的过程，而氨气和氯化氢气体在常温下化合生成氯化铵的反应［NH_3（g）+HCl（g）=== NH_4Cl（s）］是熵减的。

科学家用熵变（ΔS）表示反应体系混乱度的变化。$\Delta S > 0$（熵增），说明体系混乱度增大；$\Delta S < 0$（熵减），说明体系混乱度减小。

反应体系的熵变（ΔS）与反应物、生成物的种类，各物质总的物质的量的变化值，反应前后物质的状态、数量有关。熵变（ΔS）随温度、压力的改变的变化不大。

科学理论的严密推理和论证说明，在反应体系没有和外界环境进行物质交换的情况下（处于这种状态的体系称为孤立体系），体系总是倾向于增大混乱度，从有序自发地转变为无序。

5.1.3　化学反应方向的判据

研究发现，在一定条件下一个反应能否自动进行（即是否是自发反应）和反应引起的体系能量变化、混乱度变化有关，有的还和反应的温度有关。

为了综合判断一个反应体系能否在一定条件下发生自发反应，科学家用自由能的变化（ΔG）综合反映体系焓变、熵变、反应温度对反应方向的影响。用自由能变化（ΔG）是正值还是负值来判断自发反应的方向。反应的自由能为负值（$\Delta G < 0$），反应能自发进行；反应的自由能为正值（$\Delta G > 0$），反应不能自发进行，只能向相反方向自动发生，要依靠外界给体系做功，提供能量，才有可能发生反应；$\Delta G=0$，反应则处于平衡状态。反应体系自由能变化，又和反应体系的能量变化、混乱度的变化、反应温度有关。可以用函数式 $\Delta G=\Delta H-T\Delta S$，从反应体系的焓变（$\Delta H$）、熵变（$\Delta S$）、温度（$T$）的数值求得 ΔG 的值来判断。

如果一个体系发生的反应既有利于体系能量的降低（$\Delta H < 0$），也有利于体系混乱度的增大（$\Delta S > 0$），该反应的 ΔG 一定小于 0，反应在任何温度下都能自发进行。例如，活泼金属与硫酸稀溶液的置换反应，有利于体系能量的降低（$\Delta H < 0$），也有利于体系混乱度的增大（$\Delta S > 0$），$\Delta G < 0$，反应能自发进行。

反之，体系发生的反应，体系能量会升高（$\Delta H > 0$），体系混乱度将会减小（$\Delta S < 0$），该反应的 ΔG 一定大于 0，反应一定不能自发进行。如一氧化碳分解生成碳和氧气，体系能量增大（$\Delta H > 0$），体系混乱度减小（$\Delta S < 0$），则反应的 ΔG 大于 0，反应不能自发进行。

如果一个体系发生的反应，焓变、熵变对反应自发性的影响不一致，焓变、熵变的值同号，要考虑温度条件。只有在温度高于或低于某一数值时，使 $\Delta G < 0$，反应才可以自发进行。例如，碳酸钙分解生成氧化钙和二氧化碳的反应，体系能量将增大（$\Delta H > 0$），混乱度增大（$\Delta S > 0$），只有温度提高到一定值，使 $\Delta G < 0$，才可以自发进行。而氨气与氯化氢生成氯化铵的反应，体系能量降低（$\Delta H < 0$），混乱度减小（$\Delta S < 0$），只有温度降低到一定值，使 $\Delta G < 0$，才可以自发进行。

图 5-3 用坐标系显示反应焓变、熵变与反应自发性的关系，列举实例做说明。

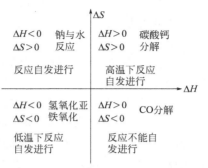

图 5-3　反应自发性的判断

分析研究反应的自由能变化 ΔG 可以判断反应进行的方向。例如，烘烤面包时，我们使用发酵粉加入面团，发酵粉的主要成分是小苏打（$NaHCO_3$），在烤箱中在 450K 下能分解生成二氧化碳气体和水蒸气，可以得到松软的面包。如果在室温下（298K），要想让小苏打在面团中分解来烤制松软的面包是不可能的。这可以从小苏打分解反应的自由能变化得到解释。

$2NaHCO_3（s）\longrightarrow Na_2CO_3（s）+CO_2（g）+H_2O（g）$

$\Delta H = 135.6kJ \cdot mol^{-1}$　　　$\Delta S = 0.334kJ \cdot mol^{-1} \cdot K^{-1}$

298K 下，反应的 $\Delta G = 36.1kJ \cdot mol^{-1}$，而在 450K 下，$\Delta G = -14.7kJ \cdot mol^{-1}$。

又如，汽车排放的尾气中含有污染空气的一氧化碳，我们能否使用高温加热的方法使它分解除去呢？即反应 $2CO（g）\xrightarrow{\text{高温}} 2C（石墨）+O_2（g）$ 可否进行？

上述反应的 $\Delta H = 211.08kJ \cdot mol^{-1}$，$\Delta S = -0.179kJ \cdot mol^{-1} \cdot K^{-1}$。通过自由能的计算式可以知道，$\Delta G$ 在任何温度下，都大于零。所以，不可能利用加热的方法使一氧化碳气体分解。

我们还能借助自由能的变化数据，判断一个化合物是否会在一定条件下发生分解反应，生成稳定的单质，判断该化合物的热稳定性。

在人体内，有许多非自发反应在进行，使人的正常新陈代谢活动得以维持。这些非自发反应是怎样获得驱动反应发生需要的能量呢？以人体中葡萄糖在细胞中转化为"葡萄糖 -6-P"分子的反应所需要的能量来源为例，做如下简要说明。

人体中，葡萄糖的氧化需要在细胞中进行。由于葡萄糖分子的极性非常微弱，它能自由进出细胞。为了让葡萄糖留在细胞内进行氧化反应，需要把它和一个极性的磷酸基团结合，成为具有极性的"葡萄糖 -6-P"分子，使它不会从细胞脱出。但是葡萄糖分子和磷酸基团的结合反应是非自发反应，需要为反应的进行提供能量。在人体的体温环境下，细胞中的高能物质 ATP 水解生成 ADP 的反应是自发反应（$\Delta G = -31\text{kJ}\cdot\text{mol}^{-1}$），并且能释放出能量，人体细胞可以把自发进行的 ATP 水解反应与不能自发进行的葡萄糖转化为"葡萄糖 -6-P"的反应耦合，耦合总反应的 $\Delta G = -14\text{kJ}\cdot\text{mol}^{-1}$，是负值，反应就可以顺利发生（图 5-4）。

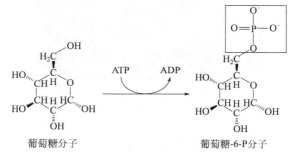

葡萄糖分子　　　　　　　葡萄糖-6-P分子

图 5-4　ATP 水解反应与葡萄糖 −6−P 形成反应的耦合

5.2　化学反应伴随着能量的转化

物质发生化学变化的同时，会伴随着能量的转化。氢气和氧气化合，伴随着热的释放，可以利用氢气作为燃料。镁条燃烧，发出耀眼的白光，释放热和光，镁粉可以制作照明弹、焰火。植物的光合作用，把太阳光能转化为生成的葡萄糖等糖类物质的内能。化学电源，利用化学反应获得电能；电解反应，利用电能为食盐水的电解提供能量，制造烧碱、氢气和氯气。

孩子们喜欢玩的荧光棒（图 5-5）是利用过氧化物（如过氧化氢）在催化剂（如水杨酸钠）存在下和酯类化合物（如苯基草酸酯）发生反应释放出光能。一般认为草酸酯类的化学发光过程可能是苯基草酸酯和氧化剂过氧化氢在催化剂作用下反应，生成苯酚和双氧基环状中间体（二氧杂环丁二酮）。该中间体是储能物质，它能分解生成二氧化碳，将能量传递给荧光剂分子（如红色的罗丹明 B），使之处于激发状态。激发态分子从激发状态回到基态，会释放出光子，发出荧光。

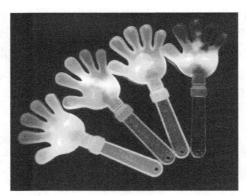

图 5-5　荧光棒

反应过程中反应物蕴含的一部分内能可以转化为热能、光能、电能。热能、电能、光能也可以转化为物质的内能。物质中可以通过化学反应改变（增加或减少）的这部分能量，人们称之为化学能。因此，化学反应中，化学能和热能、光能、电能等形式的能量可以相互转化。能量的转化遵循能量守恒定律。化学反应中，能量不会凭空增加，也不会减少。

5.2.1　化学反应的热效应

化学反应中释放或吸收热的多少，决定于所发生的反应，也和发生反应的物质的量多少有关。科学家用热化学方程式表示化学反应中放出或吸收的热。热化学方程式是在化学反应方程式的右边，标注上反应放出或吸收的热。我们通常研究的在化工生产和科学实验中的化学反应都在恒定温度、压强下进行，这类反应的热化学方程式中，吸收或释放的热量可以用焓变（ΔH）表示。$\Delta H < 0$（负值）表示在该条件下反应体系的焓减少，反应放出热量；$\Delta H > 0$（正值）表示在该条件下反应体系的焓增加，反应吸热。反应的焓变（ΔH）以 $kJ \cdot mol^{-1}$ 为单位。

例如，下列的热化学方程式分别表示 2mol（4g）氢气燃烧消耗 1mol（32g）氧气，生成 2mol 液态水，放出 571.6kJ 的热；1mol 碳酸钙固体（$CaCO_3$）吸收 178.2kJ 的热，完全分解生成 1mol 固体氧化钙（CaO）和 1mol 二氧化碳气体。反应放出或吸收热量的测定，要求生成物和反应物处于相同温度。

$$2H_2 \, (g) + O_2 \, (g) === 2H_2O \, (l) \qquad \Delta H = -571.6kJ \cdot mol^{-1}$$

$$CaCO_3 \, (s) === CaO \, (s) + CO_2 \, (g) \qquad \Delta H = 178.2kJ \cdot mol^{-1}$$

由于物质状态的变化也会放出或吸收热量，反应物、生成物状态不同，反应放出或吸收的热量也不同，所以热化学方程要标明所有物质在反应条件下的状态（气态、液态、固态分别用 g、l、s 表示）。

5.2.2　化学能与电能的相互转化

化学反应释放的能量，可以通过一定的装置转化为电能；也可以通过一定的装置，用电能为化学反应的进行提供能量，把电能转化为化学能。

例如，人们经常使用的碱性锌锰电池（图 5-6），在用导线、用电器把两个电极连接，构成闭合电路时，电池就发生下列反应给用电器供电，化学能转化为电能：

$$2MnO_2 + Zn + 2H_2O === 2MnOOH + Zn(OH)_2$$

在反应中，金属锌粉中锌原子失去电子，氧化为 Zn^{2+}，生成 $Zn(OH)_2$，MnO_2 中 +4 价锰结合电子，被还原为 +3 价的锰化合物 MnOOH。MnO_2、Zn、H_2O 通过氧化还原反应消耗，锌电极上的电子通过导线输送转移给二氧化锰，形成电流。

工业、国防上大量应用的燃料电池，是利用氢气、甲烷、甲醇、肼（N_2H_4）、氨等作为燃料电池的燃料，通过化学反应把化学能转化为电能。例如，氢氧燃料电池（图 5-7）是以氢气为燃料，氧气为氧化剂，氢气、氧气分别在多孔金属电极上发生氧化、还原反应，反应释放的能量高效地转化为电能。

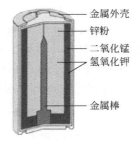

金属外壳
锌粉
二氧化锰
氢氧化钾
金属棒

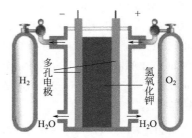

图 5-6　碱性锌锰电池的构造　　图 5-7　氢氧燃料电池构造示意图

负极：$2H_2 + 4OH^- - 4e^- \Longrightarrow 4H_2O$

正极：$O_2 + 2H_2O + 4e^- \Longrightarrow 4OH^-$

电池总反应：$2H_2 + O_2 \Longrightarrow 2H_2O$

与电池利用化学反应产生电能相反，利用电能可以通过电解反应，实现物质的化学变化，制得新物质。例如，高温下熔融的氯化钠在电解池中电解，可以得到金属钠和氯气：

$$2NaCl（熔融）\xrightarrow{\text{通电}} 2Na + Cl_2 \uparrow$$

熔融的氯化钠在电解池中，有两个电极，与电源负极相连的电极是阴极，与电源正极相连的电极是阳极。熔融的 NaCl 电离成 Na^+ 和 Cl^-，两种离子分别向两个电极定向迁移，与电源负极相连的电极上有电子流入，Na^+ 在阴极上得到电子，被还原为钠原子；Cl^- 将电子转移给阳极，电子流出，Cl^- 被氧化为氯原子，两个氯原子结合成氯分子。电极反应是：

阴极：$2Na^+ + 2e^- \Longrightarrow 2Na$（还原反应）

阳极：$2Cl^- - 2e^- \Longrightarrow Cl_2 \uparrow$（氧化反应）

电解饱和食盐水（电解池构造见图 5-8）时，发生如下反应：

$$2NaCl + 2H_2O \xrightarrow{\text{通电}} 2NaOH + H_2 \uparrow + Cl_2 \uparrow$$

在氯化钠溶液中存在 Na^+、Cl^- 和水电离生成的少量 H^+、OH^-。在饱和氯化钠溶液中通以直流电，Cl^- 在阳极失去电子被氧化，生成氯气，Na^+ 通过阳离子交换膜移向阴极区；在阴极，水电离出 H^+ 得到电子被还原，生成氢气，随着反应的进行，阴极区 OH^- 浓度逐渐提高，而且由于电解池的阴极区和阳极区被阳离子交换膜隔开，OH^- 不能迁移进入阳极区，因此在阴极区得到氢氧化钠浓溶液。在两极上可分别收集到氯气、氢气。

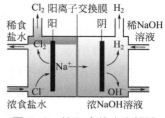

图 5-8　饱和食盐水电解池构造示意图

5.3　化学反应快慢不同的原因

化学反应进行有快有慢，TNT、黑火药的爆炸就是火药急速燃烧而引起的。我国古代发明的黑火药，是用炭粉、硫黄粉、硝酸钾固体粉末配制的，点燃后瞬间就能完成反应：

$$2KNO_3 + 3C + S \xrightarrow{\quad\quad} K_2S + N_2\uparrow + 3CO_2\uparrow$$

有的反应进行得较慢，例如钢铁生锈（铁和氧气、水蒸气反应生成水合氧化铁），要经过数日才能看到在表面有锈斑出现；自然界中，石灰岩溶洞、钟乳石和石笋的形成极为缓慢；氮气和氢气，在常温下能自发进行反应，可是速率极慢，几乎觉察不到有反应的迹象，只有在高温高压和催化剂存在下才有比较显著的反应发生。

5.3.1　化学反应速率

科学家用反应速率来衡量反应进行的快慢。化学反应速率可以用单位时间内反应物浓度（通常使用物质的量浓度）的减少或者生成物浓度的增加来表示。反应物或生成物浓度变化的单位可以用 $mol\cdot L^{-1}$ 表示，反应时间的单位可以用 s、min、h（秒、分钟、小时）等表示，若时间单位为秒，反应速率的单位为 $mol\cdot L^{-1}\cdot s^{-1}$。

例如，化学反应 $aA + bB \xrightarrow{\quad\quad} cC + dD$ 的化学反应速率 $v = \Delta c/\Delta t$。Δc

表示反应物或生成物物质的量浓度变化的绝对值，Δt 表示一定的时间间隔。由于反应体系中不同的反应物、生成物（A、B、C、D）在同一时间段变化的物质的量的比恒等于化学方程式中各物质的计量数比（$a：b：c：d$），以各种物质浓度变化测得的化学反应速率数值是不等的，但其比值恒等于化学方程式中各物质的化学计量数之比。

随着反应的进行，反应物不断消耗，反应体系的温度也在变化，反应速率也在改变。因此，测定反应在某个时间段中的反应速率，其实是这一时间段的平均速率。一个反应，不同时间段的反应速率一定不一样。如果要知道反应在某一时刻的瞬时速率，可以在表示反应速率随时间变化的曲线上找到要求的时间点作切线，求得切线的斜率。

在相同条件下，化学反应速率的大小决定于反应本身的特点。不同的化学反应发生的过程有相似的规律，但又有各自的特点，反应速率大小主要是反应本身发生的过程所决定的。

许多反应的反应历程较为复杂，反应物并不能直接一步转化为生成物。科学家通常用最简单的化学反应（基元反应）模型来说明反应发生的过程。反应物分子经过一次碰撞就转化为产物分子的反应就是基元反应。基元反应过程中没有任何中间产物生成。例如，$CO + NO_2 === CO_2 + NO$ 就是基元反应。但是许多化学反应不是基元反应，而是经过两个或多个步骤完成的复杂历程。例如，反应 $H_2（g）+ I_2（g）=== 2HI（g）$ 经历了如下两步基元反应：$I_2 === 2I$，$H_2 + 2I === 2HI$。

科学家建立了两种理论模型来说明化学反应速率及其影响因素。一种是碰撞理论。该理论认为，物质分子间必须相互发生有效碰撞才有可能发生反应（图 5-9）。基元反应的反应速率大小与单位时间内反应物分子间的碰撞次数成正比（能发生反应的碰撞称为有效碰撞）。有效碰撞必须满足两个条件：一是发生碰撞的分子具有足够高的能量；二是分子在一定的方向上发生碰撞。化学反应中，能量较高、有可能发生有效碰撞的分子称为活化分子。活化分子的平均能量与所有分子的平均能量之差称为反应的活化能。活化能是反应起始或可以自动发生所需要的最低能量。反应的活化能愈高，反应愈难以进行，反应速率也愈慢。

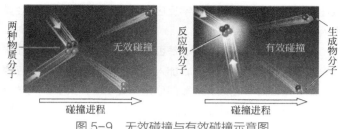

图 5-9　无效碰撞与有效碰撞示意图

　　另一种常用的反应速率理论是过渡态理论（图 5-10）。反应物转化为生成物的过程中要经过能量较高的过渡状态。过渡状态所需要的平均能量与反应物分子的平均能量的差即是该反应的活化能。图 5-10 中，E_a 为正反应的活化能，E'_a 为逆反应的活化能。化学反应速率与反应的活化能大小密切相关，活化能越低，反应速率越快。

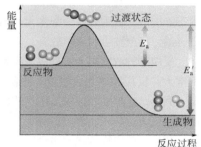

图 5-10　反应过渡态理论示意图

　　每一个化学反应从反应开始到结束，所经历的过程（反应历程）都不同。每个基元反应都有对应的活化能，反应的活化能越大，活化分子所占比例越小，故化学反应速率越小。

　　复杂反应中各步基元反应速率不同，其中有一步基元反应的速率往往决定了总反应的速率。如一氧化氮气体氧化生成二氧化氮的反应（2NO + O₂ $=\!=\!=$ 2NO₂）是由三步基元反应构成的：

① 2NO $=\!=\!=$ N₂O₂（快反应）

② N₂O₂ $=\!=\!=$ 2NO（快反应）

③ N₂O₂ + O₂ $=\!=\!=$ 2NO₂（慢反应）

慢反应③是决定整个反应速率的关键步骤。

5.3.2　影响化学反应速率的因素

　　化学反应速率受到反应物自身性质的影响，同一物质在不同反应中有不同的反应速率。对于特定的某个化学反应而言，它的反应速率还会受到其他多种外界因素的影响。

例如，反应温度、反应物浓度、是否使用催化剂、使用哪种催化剂，都会影响反应速率。其他条件相同时，加入催化剂能显著地增大反应速率；反应的温度越高，反应速率越大。一般温度每升高10K，大多数化学反应的速率可增加2～4倍。实验室或工业生产中，为提高反应速率，常采用加热的方法使化学反应在较高的温度下进行。在实验室中可以使用5%的双氧水，添加少量二氧化锰粉末作催化剂来制备氧气。但不能用浓度太大的双氧水，也不能加热，否则分解速率太大，迅速产生大量气体会使反应混合物冲出反应容器，甚至发生安全事故。

反应物的浓度越大，反应速率越大。有气体参加的反应，反应体系的压强增大，反应速率也会增大。光照等条件对一些化学反应速率也有一定影响。例如，光照能加速氯气和水的反应。强光能引发氯气和氢气混合气体的爆炸性反应。

此外，反应物的状态也会影响反应速率。粉末状的反应物与块状反应物相比，由于反应物的接触面积增大，反应速率也增大。

医用双氧水（浓度等于或低于3%），装在药瓶中几乎看不到它会分解析出气体。浓度大的双氧水，分解速率较快，在常温下就可以观察到它分解析出氧气。医用双氧水擦拭到创伤面，会看到白色的小气泡产生。因为伤口上的血、灰尘会催化它的分解。双氧水涂抹在伤口上有灼烧感，皮肤表面被氧化成白色，用清水清洗后，过3～5min就会恢复原来的肤色。

温度愈高说明反应体系含有愈多的能量。温度升高，反应物分子平均能量高，活化分子数目多，分子运动加快，单位时间里活化分子发生的有效碰撞次数增多，反应速率增大。

反应物的浓度越大，单位体积中反应物分子数越多，其中活化分子数目也越多，单位时间里活化分子发生的有效碰撞次数也越多，反应速率越大。

人们可以改变影响化学反应速率的条件，来改变和控制反应的速率。例如，把蔬菜、水果放在低温环境下，减弱它们的呼吸作用，延长保存期。把某些容易变质的食物放在低温下，在某些容易和空气中的氧气、水蒸气发生反应的食物包装容器中放入干燥剂（或能与氧气作用的防氧化试剂），可以降低引起食物变质的各种反应速率。一些食物在空气中难免沾染一些细菌、微生物，把这些食物放入冰箱，可以抑制微生物的繁殖，减少微生物的生化反应。

荧光棒中，过氧化物和酯类化合物发生的发光反应的速率大小影响发出荧光的强弱、发光持续时间的长短。荧光棒发光时间的长短与环境温度成反比，环境温度越高，发光强度越强，发光的时间就越短；温度（气温）越低，发光强度越弱，发光时间越长。在催化剂作用下，发光反应进行得较快，为了延长荧光棒的发光时间，可以在不用时将其放在低温环境（如冰箱、冷柜）中，抑制荧光棒中液体的化学反应。

5.3.3 化学反应的催化剂

许多化学反应都要在催化剂存在下进行。催化剂能加速反应的进行，但自身的组成、化学性质和质量在反应前后不发生变化。催化剂是改变化学反应速率最有效的手段之一。催化剂可以使化学反应速率加快到几百万倍以上。催化剂是现代化学中关键而神奇的物质之一。化学家扎尔说："若要我选择一个最能捕抓化学特性的字眼，那么非'催化剂'莫属。"诺贝尔化学奖获得者霍夫曼认为，催化作用的发现，触及两项人类的原始课题：它克服了障碍，把几乎不可能的事变成可能；它是消耗和再生的奇迹。

催化剂由瑞典化学家贝采里乌斯最早发现。这一发现，流传着一个故事。

一天，瑞典化学家贝采里乌斯在化学实验室忙碌地进行着实验。傍晚，他的妻子玛丽亚准备了酒菜宴请亲友，庆祝她的生日。贝采里乌斯沉浸在实验中，把这件事全忘了，直到玛丽亚把他从实验室拉出来，他才恍然大悟，匆忙地赶回家。一进屋，客人们纷纷举杯祝贺，他顾不上洗手就接过一杯蜜桃酒一饮而尽。当他自己斟满第二杯酒干杯时，却皱起眉头喊道：玛丽亚，你怎么把醋拿给我喝！玛丽亚和客人都愣住了。玛丽亚仔细瞧着那瓶子，还倒出一杯来品尝，一点儿都没错，确实是香醇的蜜桃酒啊！贝采里乌斯把自己倒的那杯酒递过去，玛丽亚喝了一口，几乎全吐了出来，也说：甜酒怎么一下子变成醋了？客人们纷纷凑近来，观察着，猜测着这"神杯"发生的怪事。

贝采里乌斯发现，原来酒里有少量黑色粉末。他瞧瞧自己的手，发现手上沾满了在实验室研磨白金时沾上的铂黑。他兴奋地把那杯"酸酒"一饮而尽。原来，把酒变成醋的"魔力"来源于白金粉末，是它加快了乙醇（酒精）和空气中的氧气发生化学反应，生成了醋酸。后来，人们把这一作用叫做催化作用（过去也叫触媒作用），希腊语的意思是"解去束缚"。

1836 年，贝采里乌斯在《物理学与化学年鉴》杂志上发表了一篇论文，首次提出化学反应中使用的"催化"与"催化剂"概念。

催化剂催化作用的机理，在当时还没有完全弄清楚。现在，人们一般认为催化剂本身和反应物一起参加了化学反应，它可以降低反应的活化能。例如，双氧水分解过程中使用氯化铁溶液作为反应的催化剂，反应 $2H_2O_2 \xrightarrow{FeCl_3} 2H_2O + O_2\uparrow$ 经过下列两个反应阶段：

① $H_2O_2 + 2Fe^{3+} = 2Fe^{2+} + O_2\uparrow + 2H^+$

② $H_2O_2 + 2Fe^{2+} + 2H^+ = 2Fe^{3+} + 2H_2O$

在第一阶段反应中催化剂（三价铁离子）参与反应作反应物，第二阶段反应中又生成了催化剂，两个阶段反应循环发生，从总的反应方程式上看，催化剂在反应前后未有任何变化。

又如，使用氯酸钾（$KClO_3$）制备氧气的实验，要使用二氧化锰（MnO_2）作催化剂，先后发生的反应是：

$$2KClO_3 + 2MnO_2 \xrightarrow{\triangle} 2KMnO_4 + Cl_2\uparrow + O_2\uparrow$$

$$2KMnO_4 \xrightarrow{\triangle} K_2MnO_4 + MnO_2 + O_2\uparrow$$

$$K_2MnO_4 + Cl_2 \xrightarrow{\triangle} 2KCl + MnO_2 + O_2\uparrow$$

$$总反应：2KClO_3 \xrightarrow[\triangle]{MnO_2} 2KCl + 3O_2\uparrow$$

催化剂和反应体系的关系就像锁与钥匙的关系一样，具有高度的选择性（专一性）。一种催化剂并非对所有的化学反应都具有催化作用，例如二氧化锰在双氧水分解中起催化作用，可以加快化学反应速率，但对其他的化学反应不一定会产生催化作用。某些化学反应也并非只有唯一的催化剂，例如双氧水分解中能起催化作用的有二氧化锰、氯化铁、硫酸铜等。选用不同的催化剂可能改变反应的产物。例如，乙醇在铜的催化下，生成乙醛和氢气，但是在氧化铝的催化下，生成乙烯和水。

催化剂种类繁多，可以是单一化合物，也可以是混合物。许多催化反应都在固体催化剂的表面上进行。例如，生产人造黄油，使用固态的镍催化剂。人造黄油用不饱和的植物油和氢气反应，转化为饱和的脂肪。液态的植物油和气态的氢气，被吸附在固态镍的表面。反应物分子中的化学键在催化剂作用下断裂，并形成新的化学键生成反应产物。产物分子与催化剂表面的作用不牢固，可以脱离下来。催化剂在使用时会接触少量杂质，使活性明显下降甚至被破坏，发生"催化剂中毒"。为防止催化剂中毒，需要将反应物原料加以净化，除去"毒物"。这就需要增加设备，提高成本。因此，科学家要研制具有较强抗毒能力而且高效的催化剂。

目前，催化剂的研究正朝着高效（用量少）、低腐蚀（减少对设备的损害）、纳米化（提高催化效率）、环保化（无害于健康，对环境友好）的方向发展。

催化剂在现代化学工业中占有极其重要的地位，据统计，90%以上的化学工业涉及的化学反应都使用催化剂。化学家哈伯发明了合成氨的催化剂，使氮气与氢气化合生成氨气的反应得以实现。合成氨反应的实现，工业化生产的建立，为粮食生产提供了充足的氮肥，使数亿人免于饥饿、死亡。哈伯合成氨研究的卓越贡献，让他获得了1918年度的世界科学最高荣誉和奖励——诺贝尔化学奖。

19世纪以前，农业上所需氮肥主要来自有机物的副产品（粪类、种子饼及绿肥），1809年在智利发现了硝酸钠矿，很快被开采利用。但是矿藏有限，军事工业生产炸药也需要大量的硝石，难以解决氮肥的来源。不少化学家指出，为了使子孙后代免于饥饿，必须寄希望于将空气中丰富的氮固定下来，转化为可被利用的氮肥。但是，利用氮、氢为原料合成氨的工业化生产是一个艰难的研究课题，从第一次实验室研制到工业化投产，约经历了150年的时间。早在1795年就有人试图在常压下进行氨的合成，后来又有人在50个大气压下进行试验，结果都失败了。19世纪下半叶，物理化学迅速发展，科学家逐步认识到氮、氢合成氨的反应是可逆的，增加压力将使反应推向生成氨的方向，提高温度会将反应移向相反的方向，温度过低又使反应速率过小；催化剂对反应将产生重要影响。这些认识对合成氨的试验提供了理论指导。但是，几位化学家的探索都没有取得成功。哈伯决心攻克这一令人生畏的难题。他进行一系列实验，探索、寻找最佳的合成氨条件，研究反应需要多高的温度、压力，用什么样的催化剂为最好。经过他锲而不舍的努力，通过不断的计算和实验，终于在1909年取得了研究成果。在600℃的高温、200 个大气压和锇为催化剂的条件下，得到了产率约为 8% 的合成氨。他还设计了原料气的循环工艺。德国最大的化工企业，在化工专家博施为首的工程技术人员的努力下，经过两年的研究，进行了多达 6500 次试验，测试了 2500 种不同的配方，终于在 1913 年将哈伯的设计付诸实施，实现了用廉价的原料氮气、氢气合成氨的工业生产。哈伯的合成氨研究对化学工业的发展产生了重大的影响。合成氨的研究来自正确的理论指导，合成氨生产工艺的研究又推动了科学理论的发展。合成氨的实现，也显示了催化作用的巨大威力。

现代大多数的化工生产过程均采用催化剂，以加快反应速率，提高生产效率。在资源利用、能源开发、医药制造、环境保护等领域，催化剂都发挥了极为重要的作用。例如，硫酸生产采用钒催化剂，硝酸的合成使用铂铑合金作催化剂。在炼油厂，催化剂更是少不了，选用不同的催化剂，就可以得到不同品质的汽油、煤油。乙烯的聚合以及用丁二烯制橡胶等的生产中，也都采用不同的催化剂。酶是植物、动物和微生物产生的具有催化能力的蛋白质或 RNA。生物体的化学反应几乎都在酶的催化作用下进行，酿造业、制药业等都要用催化剂催化。人们还利用含有铂、铑等金属的三元催化器，把汽车发动机排放尾气中的一氧化碳和一氧化氮迅速转化为无害的二氧化碳和氮气，以消除汽车尾气排放造成的大气污染。这也是一项值得人们铭记的巨大贡献。

5.3.4 奇异的酶

当前工业生产中使用的各种催化剂中，生物催化剂——酶的应用愈来愈引起人们的重视。

酶的发现始于 1752 年夏天。那时，法国生物学家雷欧玛将一块肉塞进了金属管子中，不久，他发现这些肉都被融化了。1773 年，意大利人斯帕朗采尼也发现了类似的现象。为了搞清楚肉融化的原因，他用了 10 年时间进行研究，终于发现了溶解肉类的物质，并将这种物质命名为蛋白酶。1833 年，法国人培安和培洛里通过实验，发现了淀粉酶。1834 年，德国科学家休旺把氯化汞加到胃液里，沉淀出一种白色粉末，把粉末里的汞化合物除去以后，再把剩下的粉末物质溶解，他得到了一种消化液，这种消化液可以在酸性环境中溶解肉类物质，但在高温遇热后会失去作用。他把这种物质命名为胃蛋白酶。与此同时，法国化学家又从麦芽提取物中发现了另外一种物质，它能使淀粉转变成糖，这就是淀粉糖化酶。美国康奈尔大学的生物化学家萨姆纳从一种美洲热带植物的白色种子里分离出一些晶体，这种晶体的溶液显示出脲酶所具有的性质。脲酶是一种能对尿素分解为二氧化碳和氨的反应起催化作用的酶。这种晶体还显示出蛋白质的性质，凡是能使蛋白质变性的东西，也都会破坏这种酶，由此，萨姆纳肯定酶是一种蛋白质。1946年，萨姆纳联合另外两个美国科学家提出了一个著名但不太确切的观点——酶的实体就是蛋白质，并由此获得了诺贝尔化学奖。后来，人们错误理解了这个观点，认为"补充蛋白质就是补充酶"。几年后，俄罗斯科学家巴布金教授又提出了一个著名的错误观点：酶可以无限地制造出来。在这两种错误理论的指导下，很长一段时间里，世界上对酶的研究几乎没有重大进展。直到1985年，85岁的豪尔博士发表了著名的《酶营养学》，提出了酶营养、食物酶、消化酶等完整系统的理论，促进了酶研究的发展。至今，酶的研究领域先后诞生了6位诺贝尔化学奖、医学奖得主。例如，2009年，美国科学家伊丽莎白·布雷克本、卡鲁格雷德与佐斯塔克，因为研究人体染色体"末端酶"和人体老化、癌症之间的关系而获得诺贝尔医学奖。

现在人们已经知道，酶是植物、动物和微生物产生的具有催化能力的有机化合物，绝大多数是蛋白质（但是，蛋白质不等同于酶），还有少量RNA也具有生物催化功能。酶不是神秘的物质，也不是高科技的产物，它就在我们身边的各种生物体中，也在我们的身体里，在每时每刻、无声无息地发挥着催化许多化学反应的作用。

人体中有各种各样的酶，参与人体中各式各样的化学反应。例如，唾液中含有淀粉酶，能催化淀粉水解为麦芽糖，麦芽糖在肠液中麦芽糖酶的催化下，能水解为人体可吸收的葡萄糖。

酶是高效、经济、选择性强的生物催化剂。与一般非生物催化剂相比，酶的催化作用主要有以下特点：

（1）高效的催化活性。酶的催化效率比非酶催化要高得多。如在人体正常体温时，食物中蛋白质的水解在胃蛋白酶的作用下短时间内就能完成，而在体外需要在浓的强酸或强碱的作用下煮沸相当长时间才能完成。

（2）高度的选择性。一种酶只能催化一种或一类物质的反应。如淀粉酶只能催化淀粉的水解，而不能催化纤维素的水解；蛋白酶能催化蛋白质水解成肽；尿素酶只能催化尿素的水解，对尿素取代物的水解反应无催化作用。生物体利用酶来加速体内的化学反应，如果没有酶，生物体内的许多化学反应就会进行得很慢，难以维持生命。

（3）严格的温度要求。酶对温度非常敏感。酶催化反应通常在比较温和的条件或常温常压下进行，温度过高会引起酶蛋白变性，从而使酶失去活性。在约为37℃的温度中（正是人的体温），酶的工作状态最佳。温度高于50℃或60℃，酶就会被破坏掉而不能再发生作用。因此，加酶洗涤剂用于分解衣物上的污渍，不能在高于40℃时使用。

5.4 化学反应存在平衡状态

许多化学反应在一定条件下，反应物可以转化为生成物，而生成物也可以转化为原来的反应物，具有可逆性，反应不能完全沿一个方向进行到底，这种反应称为可逆反应。也有一些能完全进行的反应，即几乎所有的反应物都完全转化为生成物。例如2体积氢气在常温常压下，在空气中点燃，可以与1体积氧气反应，完全燃烧生成1体积水蒸气，发生不可逆反应。氮气和氢气以1:3体积比混合，在300atm、450℃、催化剂存在下，可以按体积比1:3反应生成氨气，但是，生产实践表明，不管维持多长反应时间，反应体系中，得到的氨气只占总体积的32.2%，余下的是未反应的、体积比保持1:3的氮气、氢气。

可逆反应进行到一定程度，虽然反应还在进行，但是反应物、生成物的数量都不会再增加或减少，反应达到平衡状态。

科学家认为，可逆反应达到平衡状态，是由于化学反应体系中，没有向正向进行的自发性（或"推动力"），也没有向逆向进行的自发性（或"推动力"）的一种状态。

从反应进行的过程看，科学家认为，一个可逆反应随着反应的进行，反应物消耗了，转化为生成物，反应物浓度会逐渐减小，反应速率也随之降低；另一方面，生成物的浓度会逐渐增大，生成物变成反应物（逆反应）的速率会随着生成物浓度的增大而增大。当正、逆反应速率相等时，虽然正、逆反应还在进行，反应系统中各物质的浓度不再发生变化，反应达到了平衡（图5-11），生成物不会再增加，反应达到一定的限度。也就是说，反应体系在一定条件下，只能进行到一定程度，反应有一定限度。例如，上面提到的 1∶3 的氮气和氢气在 300atm、450℃、催化剂存在下，只有一部分转化为氨气（NH_3）。可逆反应达到平衡状态，反应物在反应平衡体系中的转化率（平衡转化率），体现了该反应达到的限度。

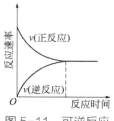

图 5-11　可逆反应
平衡状态的建立

各种可逆反应的限度不同，同一种可逆反应，在不同条件（反应体系的压强、温度，反应体系中各组分浓度）下，反应达到的限度也不同。一个可逆反应达到平衡，如果维持平衡的反应条件改变了，平衡状态就会破坏，由平衡变为不平衡，而后再在新的条件下建立新的平衡状态，反应物转化为生成物的比率也随之改变。化学家勒夏特列研究可逆反应的平衡状态，发现了一个经验规律：如果改变影响平衡状态的一个条件（浓度、压强或温度等），平衡就向能够减弱这种改变的方向移动，改变反应的平衡转化率，从而改变反应达到的限度。

科学家进一步研究发现，在一定温度下，每一个可逆反应，都有一个反应的化学平衡常数 K。平衡常数的大小反映了可逆反应限度的大小。平衡常数值越大，表示反应进行得越完全；平衡常数值越小，表示反应进行得越不完全。平衡常数随反应温度的变化而变化，与反应开始时反应物的浓度大小无关。可以通过改变温度来改变反应的平衡状态，提高或降低反应物转化为产物的程度。

例如，反应 $N_2(g) + O_2(g) \rightleftharpoons 2NO(g)$，在 3000K 下，$K=8.65×10^{-3}$，在常温下 $K=3.84×10^{-31}$。因此，在内燃机气缸中，燃油气燃烧时（温度可以达到 3000K）吸入发动机的空气中的氮气能和氧气反应，生成一氧化氮气体。而常温下，空气中的氮气和氧气几乎不会反应生成一氧化氮气体。

工业上硫酸的生产是利用硫黄矿（主要成分是硫单质 S）或硫铁矿（主要成分是 FeS_2）制造二氧化硫，再在一定条件下把二氧化硫（SO_2）在催化剂存在下与空气中的氧气反应转化为三氧化硫（SO_3），三氧化硫与水化合就得到硫酸。

$$S + O_2 == SO_2$$
$$2SO_2 + O_2 == 2SO_3$$
$$SO_3 + H_2O == H_2SO_4$$

提高二氧化硫的转化率，减少尾气排放中二氧化硫的含量，避免大气污染，非常重要。化学家研究发现，用五氧化二钒作催化剂，在450℃下使用过量的氧气与二氧化硫反应，可以使98%以上的二氧化硫转化为三氧化硫。

阅读本章后，你知道了什么？

化学变化纷繁复杂，有许许多多问题，需要我们做探究、做解释，找到化学反应的规律，帮助我们更全面地认识化学反应，更好地利用化学反应。这些问题包括：

1. 化学反应的动力来自哪里？为什么自然界中的化学变化，能自动朝一定的方向发生，而相反的反应如果没有外力的帮助，就不会发生，这里有什么规律可循？反应体系的焓变、熵变，反应的温度条件怎样影响反应的自发性？

2. 化学反应为什么会伴随有能量的变化？化学反应中，物质的化学能可以与哪些形式的能量相互转化？为什么有的化学反应要吸收热量，有的反应却会放出大量的热和光？化学反应吸收的热量变成了什么？

3. 为什么不同的化学反应快慢差异很大？科学家怎样研究化学反应的快慢？化学反应的速率大小决定于什么？我们能控制化学反应的速率吗？

4. 为什么许多反应只能进行到一定程度，不会进行到底？人们可以通过什么途径提高反应物的转化率？

这些理论问题比较抽象，可以联系自然界、生产、生活中的一些化学反应的实际例子做分析，了解人们如何运用化学反应的原理知识，研究反应的基本规律，控制反应的进行。

6

引领自然资源开发
创造新的物质世界

化学科学一是研究自然界中的物质及其变化的本质、规律，了解、认识物质世界，探索科学利用自然资源、保障社会的可持续发展；二是创造合成自然界不存在的新物质，探索完成变化的新途径，以供制备社会生产发展、提高人们生活质量需求的新材料。化学科学的发展，建立了与它相应的化学工业，能大规模地生产各种各样的材料。

6.1　化学科学的魅力在于创造

人类不能无中生有创造出任何一种物质。但是，人类可以直接或间接地应用地球所提供的自然资源制造、合成、创造所需要的物质，包括各种食物（食材）和各种材料，自然界中已有的物质和不存在的物质，甚至是组成物质的本源——元素。元素周期表中的部分元素，自然界中并不存在，科学家们在粒子加速器中利用自然界中已有的元素通过核反应合成出来了。正如化学合成大师伍德沃德所说："在上帝创造的自然界的旁边，化学家又创造了另一个世界。"

人类可以直接利用自养生物的生命活动生成人类需要的各种物质，如从甘蔗、甜菜中提取蔗糖，从大豆中提取大豆蛋白，从棉、麻、蚕丝等获得植物纤维，从某些动物体内分离出维生素、胰岛素等非常复杂的化合物。人类也可以运用物理和化学方法从自然界已有的物质中提取、冶炼、分离、制造和利用所需要的物质，如我国古代先民用黏土制造陶瓷，用植物纤维制造纸张，用木炭、硫黄、硝石制造黑火药；工业生产用石灰石、石英砂、纯碱制造玻璃，从金属矿物中冶炼各种金属，从石油、煤中获得燃油、焦炭，从食盐制得氢气、氯气和烧碱。人类还可以运用化学合成方法，创造各种自然界中不存在的化合物，以满足生产、生活中的各种需要，如利用石油化工产品等原料生产合成塑料、合成橡胶、合成纤维、合成黏结剂等产品。

远古人类随地取材制造和使用的木器、石器和陶器，代表了人类史上的两大类型材料——有机材料和无机材料。现代，这两类传统的材料品种、数量大大增加，性能得到很大的改善，有不少材料发生多次变身和质的飞跃。具有优异性能的新的有机材料、无机材料、复合材料、智能材料等在各个领域的应用，展现出令人惊叹的威力。例如，金属材料中出现了耐热、耐蚀金属材料，储氢合金、记忆合金，制备了多种被称为"工业味精"的稀有金属元素的化合物。无机非金属材料中出现了耐高温、耐高电压工程陶瓷、功能陶瓷材料，制造出光导纤维、单晶硅、纳米陶瓷，出现了液晶材料、具有特殊性能的玻璃。有机材料中，不仅涌现了多种多样性能优异的合成纤维、合成橡胶、合成树脂，还合成了各种工程塑料、导电塑料、仿生材料。

各种材料的化学组成和结构各不相同，各有自己的特性和用途，但都是利用各种金属、非金属单质，氧化物、卤素化合物、硅酸盐、铝酸盐、磷酸盐、硼酸盐、碳化物、氮化物、硼化物等元素化合物，通过化工生产制得的。材料的制造、生产和应用，从经验走向理性，从手工制作走向大规模的工业化生产，从传统材料到具有特殊性能的高新材料的研发，没有化学科学的引领、没有化工生产工艺的指导是难以想象的。

此外，超分子化学的建立和发展，大大激发了化学家创造新型分子的兴趣和想象力，促进了具有分子识别和自组装能力的超分子体系、分子机器领域的发展。

事实说明，化学科学是物质制造和合成的重要基础，化学科学衍生的化工技术是材料制造和合成的支撑。物质的制造、合成、创造显示了化学科学的价值和魅力。

化学科学还可以通过研究，以新的方式重排原子，合成创造出具有优美对称性的分子、具有奇异结构形态的分子。例如，图 6-1 显示化学家合成的企鹅酮的结构及其合成路线（图中 *t*-Bu 指叔丁基，Et 指乙基）。图 6-2 列出

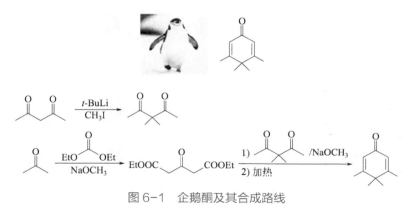

图 6-1　企鹅酮及其合成路线

化学家通过设计合成出来的一些有机化合物分子的结构图式和与之形状相似的动物、物件、人像的图片。这些分子的形状是不是超出了你的想象？化学科学在物质制造和合成中所表现出来的实用性、创造性、艺术性，是其他学科所不能媲美的。

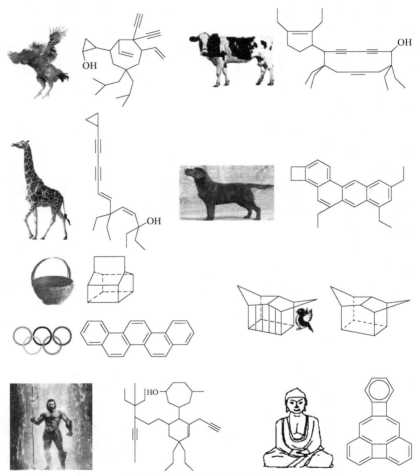

图 6-2　化学家合成的结构有趣的有机化合物分子

6.2 引领自然资源的开发与利用

早期的化学生产是手工艺式的，以经验为依据。在长期的生产实践中，人们积累了大量经验性的生产技术，随着化学科学的建立和发展，从这些经验中研究、发现了许多生产过程与技术的基本规律，建立了有关的基本理论和基本方法，使化学生产逐渐从手工艺式的生产向以科学理论为基础的现代化工生产转变。

6.2.1 物质制造合成的途径

现代化工生产的实现是基于化学反应的原理，在科学理论、化学工程原理的指导下，选择使用一定的原料，在特定的设备中，在一定的操作条件下进行的。化工生产一般经过三个主阶段：①原料处理，如富集、浓缩、净化、混合、乳化、粉碎等预处理；②化学反应，在一定的温度、压力等条件下使原料进行氧化、还原、复分解、聚合、异构化等化学反应，通过化学反应得到产物，并尽可能提高原料的转化率和产品的产率；③产品的精制，将由化学反应得到的反应混合物分离出产品或除去其中的副产物或杂质。指导这些过程实施的知识原理或者这些过程本身都是化学科学研究的成果。

例如，金属镁密度小、强度高，因此镁合金可作为制造飞机、舰艇的材料。镁和锂的合金密度很小，耐热，广泛应用于火箭、导弹、飞机、汽车、精密机器的制造。人们发现海洋中蕴含着丰富的镁离子（氯化镁），据统计，每升海水中含有 1350mg 镁，全世界海洋中大约蕴藏着 1000 万亿吨的镁。把 +2 价镁离子还原为金属镁，必须先得到浓度较高的氯化镁溶液，制得固体氯化镁，再熔融电解。目前有一种提取镁的工艺，是用海水晒盐的卤水为原料，加入石灰乳，发生复分解反应（离子互换反应），使海水中的镁离子转化为难溶于水的 $Mg(OH)_2$ 沉淀：

$$MgCl_2（aq）+ Ca(OH)_2（aq）\xlongequal{\quad\quad} Mg(OH)_2（s）\downarrow + CaCl_2（aq）$$

经过沉降、过滤、洗涤，得到氢氧化镁固体。再将氢氧化镁固体与盐酸反应，得到氯化镁的浓溶液，再经过结晶、过滤、干燥得到氯化镁的结晶水合物 $MgCl_2 \cdot 6H_2O$。将氯化镁结晶水合物在氯化氢的气流中加热失去结晶水，得到熔点较低（714℃）的无水氯化镁：

$$MgCl_2 \cdot 6H_2O\ (s) \xrightarrow[\triangle]{HCl} MgCl_2\ (s) + 6H_2O\ (g)\uparrow$$

在特殊的真空环境下电解熔融的 $MgCl_2$ 就制得金属镁和副产物氯气：

$$MgCl_2\ (熔融) \xrightarrow{通电} Mg\ (s) + Cl_2\ (g)\uparrow$$

现在，全世界的镁产量约有 60% 是从海洋中提取的。

随着化学科学的发展，运用从自然资源中获得的各种物质，经过物理、化学手段或利用生物工程，获得各种物质的方法、技术，得到了极大的提高，获得的物质的质量大大提高，生产效率也得到极大的提升。

6.2.2　金属资源的开发利用

地壳中存在大量的金属矿藏，已发现的 86 种金属元素，绝大多数都以化合态（氧化物、硫化物、砷化物、碳酸盐、硅酸盐、硫酸盐等）存在于各类金属矿物中。金属包括黑色金属、有色金属、贵金属、稀土金属等。要获得各种金属及其合金，首先要将金属元素从矿物中提取出来，把金属从化合态变为游离态（单质），再进行精炼、提纯或合金化处理。金属的冶炼和应用开发都需要化学科学和化工技术。

各种金属冶炼都是通过氧化还原反应把金属从化合态还原为单质，采用的方法有：

（1）热还原法。用炭、一氧化碳、氢气、活泼金属等作为还原剂，与金属氧化物在高温下反应，使之还原为金属。例如，高炉炼铁，用焦炭在高温下与氧气反应生成的一氧化碳还原铁的氧化物；用金属铝还原锰、铬等的氧化物：

$$Fe_2O_3 + 3CO \xrightarrow{高温} 2Fe + 3CO_2$$

$$4Al + 3MnO_2 \xrightarrow{高温} 2Al_2O_3 + 3Mn$$

活动的金属钾也可以在特殊条件下，通过热还原法制得：

$$Na + KCl \xrightarrow{高温，真空} K + NaCl$$

一些不活泼金属氧化物，在高温下分解还原为单质，如：

$$2HgO（s）\xrightarrow{\triangle} 2Hg（l）+O_2（g）$$

（2）置换法。在酸、碱、盐类的水溶液中通过置换反应、溶剂萃取或离子交换从矿石中提取所需金属组分。例如，湿法炼铜，主要的反应是：

$$CuO + H_2SO_4 == CuSO_4（aq）+ H_2O$$

$$CuSO_4（aq）+ Fe == Cu + FeSO_4（aq）$$

难于分离的金属如镍－钴、锆－铪、钽－铌及稀土金属也都可以采用湿法冶金的技术（溶剂萃取或离子交换）进行分离。

（3）电解法。将熔融的金属盐通过电解，生成金属单质。难以用还原法、置换法冶炼的活泼金属（如钠、钙、钾、镁等）和需要提纯精炼的金属（如精炼铝、铜等），都可以用电解法冶炼。例如：

$$2NaCl（熔融）\xrightarrow{通电} 2Na + Cl_2\uparrow$$

$$2Al_2O_3 \xrightarrow{通电} 4Al + 3O_2\uparrow$$

有些金属冶炼要先后运用不同的方法，提高产品的纯度和质量。例如，铜的冶炼，运用热还原法或置换法获得的产品，再经过电解精炼（见图6-3），得到纯度很高的电解铜。

随着化学科学技术的发展，金属冶炼的方法、技术以及金属的利用也得到迅猛的发展。以稀土金属元素的冶炼、利用为例，可以充分说明化学科学在金属资源开发利用中的重要性。

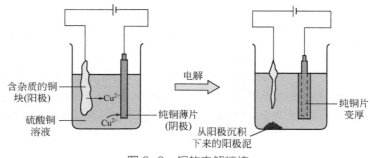

图6-3 铜的电解精炼

自然界分布有 17 种稀土元素，都是金属元素。它们在地壳中的丰度相当高（钷除外），但在地壳中分布十分分散，富集程度低，而且难以开采分离。目前自然界中已经发现的稀土矿物有 250 种以上，以硅酸盐及氧化物、氟碳酸盐、磷酸盐为主，但其中适合冶炼的仅有 10 余种。直到 19 世纪末，稀土化合物开发的品种少，应用仍不广泛。只有用稀土化合物 ThO_2 制造汽灯纱罩、打火石和弧光灯炭棒等。随着化学科学的发展，科学家发现稀土元素化合物具有各种特殊的性能。例如，稀土元素原子具有未充满的 4f 电子层结构，有多种多样的电子能级，可以作为优良的荧光、激光和电光源材料以及彩色玻璃、陶瓷的釉料。稀土元素离子与羟基、偶氮基或磺酸基等能形成多种性能优良的化合物。稀土元素的金属原子半径比铁的原子半径大，很容易填补在其晶粒及缺陷中，并生成能阻碍晶粒继续生长的膜，从而使晶粒细化而提高钢的性能。在钢水中加入稀土，可以起到净化钢的效果。某些稀土元素具有中子俘获截面积大的特性，钐、铕、钆的热中子吸收截面比广泛用于核反应堆控制材料的镉、硼还大。钐、铕、钆、镝和铒，可用作原子能反应堆的控制材料和减速剂。而铈、钇的中子俘获截面积小，则可作为反应堆燃料的稀释剂。稀土具有类似微量元素的性质，可以促进农作物的种子萌发，促进根系生长，促进植物的光合作用。

　　把稀土元素及其化合物添加到其他金属或者陶瓷材料中，能赋予材料许多特性，大幅度提高其他产品的质量和性能，组成性能各异、品种繁多的新型材料。因此，稀土元素被誉为"工业味精""新材料之母""工业黄金"。现在，稀土元素化合物已广泛应用于电子、石油化工、冶金、机械、能源、轻工、环境保护、农业等领域。荧光材料、稀土金属氢化物电池材料、电光源材料、永磁材料、储氢材料、催化材料、精密陶瓷材料、激光材料、超导材料、磁致伸缩材料、磁致冷材料、磁光存储材料、光导纤维材料的制造都用到了稀土元素化合物。稀土元素化合物已经成为高新技术产业、尖端科技领域和军工领域不可缺少的原料。以军工行业为例，稀土科技一旦用于军事，必然带来军事科技的跃升。飞机引擎的电气系统、导弹控制系统、电子干扰系统、水雷探测系统、导弹防御系统以及人造卫星动力和通信系统都需要用到稀土元素化合物。在钢材中加入某种稀土化合物可以大幅度提高用于制造坦克、飞机、导弹的钢材、铝合金、镁合金、钛合金的性能。

我国稀土金属资源储量丰富，矿物品种齐全，产量居世界首位。但是，直到 20 世纪 70 年代，稀土分离工艺、生产技术一直被国外少数厂商垄断，成为高度机密。我国只能向国外廉价出口稀土原料，然后高价进口高纯度稀土产品。1972 年，徐光宪院士接受了分离稀土元素中性质最为相近的镨和钕的任务，他"半路出家"从量子化学、配位化学的研究领域转入稀土研究领域，带领团队挑战萃取法分离稀土的国际难题，发现了"恒定混合萃取比规律"，建立了串级萃取理论，创建了"稀土萃取分离工艺一步放大"技术，并应用于大规模工业生产。从此，我国打破了法国、美国和日本在国际稀土市场的垄断地位，实现了由稀土资源大国向稀土生产大国、出口大国的飞跃，成功改写了国际稀土产业的格局。

6.2.3　无机非金属材料的研发

在古代，人们就学会了制作和使用陶瓷制品。陶瓷和玻璃、水泥等都是古老且应用非常普遍的无机非金属材料。古老的陶瓷烧制工艺，原料大都直接利用自然界中的黏土、陶土，生产工艺大都是手工工艺，配料、烧制等工艺条件靠摸索和经验，生产过程中原料发生哪些反应人们往往不大明白，成品率不高，质量不稳定。随着化学科学技术的发展，无机非金属材料焕发出新的生命力。同样运用自然界中容易得到的普通原料，可以制得多种多样、性能各异的各种材料。半导体玻璃、激光玻璃、单晶硅、光导纤维、纳米陶瓷等新型无机非金属材料相继出现，成为生活、生产、高科技领域不可或缺的物质。

不同的无机非金属材料，化学组成和结构各不相同，需要选择使用不同的原料，运用不同的化学工艺来制造。新型的无机非金属材料，则依据化学原理设计生产工艺，控制严格的生产条件，大大提高了生产效率和成品率，质量也能得到保证。以二氧化硅（石英砂）为原料制造的光导纤维和单晶硅为例，我们可以看到化学科学在材料制造和应用开发中的重要作用。

光导纤维（简称"光纤"，图 6-4）可以传导光线，是现代通信不可或缺的材料。光纤通信的容量比微波通信大 $10^3 \sim 10^4$ 倍，而且传输速度快，用光缆代替通信电缆，可以节约大量有色金属。光导纤维可以传送激光器发射的高强度激光，用于医疗中病变部位观察（做各种人体内窥镜）和手术，还可制造用以检测温度、压强、磁场、电流、速度等的各种传感器。

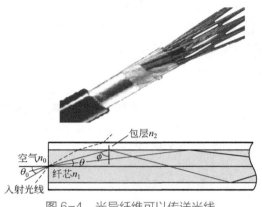

图 6-4　光导纤维可以传送光线

　　光导纤维中的芯是由若干条光纤细丝组成的。光纤细丝的化学组成和沙子的主要成分一样，都是 SiO_2，但是纯度很高。光导纤维是利用光的全反射作用来传导光线的，能很好地传导波长较长的激光束。为了保证光的传导，要求二氧化硅晶体内部结构良好，均匀性高，要用杂质极少的纯石英玻璃来拉制成细丝。为防止光线在传导过程中的"泄漏"，光导纤维的芯线要用外包皮层包裹。外包皮层折射率比芯线折射率小，进入芯线的光线，在芯线与外包皮层的界面上作多次全反射而曲折前进，不会透过界面，被外包皮层紧紧地封闭在芯线内，只能沿着芯线传送。制造光导纤维，首先要制得超纯石英玻璃。用碳在高温下还原纯度较高的石英砂（二氧化硅），可以制得含有少量杂质的粗硅，将粗硅在高温下跟氯气反应生成四氯化硅（$SiCl_4$），制得含有氯化硅等多种成分的溶液，而后将氧气注入溶液，使氧气和四氯化硅蒸气的混合气体通过一根在高温炉子中旋转和移动的石英管，使它们发生反应生成二氧化硅沉积在管内。

$$SiO_2 + 2C \xrightarrow{\text{高温}} Si + 2CO \uparrow$$

$$Si + 2Cl_2 \xrightarrow{\text{高温}} SiCl_4$$

$$SiCl_4（g）+ O_2（g）\xrightarrow{1300℃} SiO_2（s）+ 2Cl_2（g）$$

把得到的二氧化硅熔化形成纯度很高的石英"玻璃棒"。把"玻璃棒"安放在一个塔型容器的顶部，在 1900 ～ 2000℃的高温下，材料熔化浇注到一个石墨炉内，在重力作用下滴漏下来形成石英丝。拉制得到的石英丝通过特殊的装置，形成没有脆性、粗细均匀一致、有高的折射率的光纤细丝（直径在 10μm 以下），缠绕在转轮上。把若干条细丝用聚丙烯或尼龙套包裹，就制得用于铺设光纤通信线路的光导纤维。

把从二氧化硅制得的 $SiCl_4$ 经过分馏提纯，再用氢气还原，可以得到高纯度的硅。

$$SiCl_4 + 2H_2 \xrightarrow{高温} Si + 4HCl$$

硅在常温下与氧气、氯气、硝酸、硫酸等物质都很难发生反应。硅晶体的导电性介于金属和非金属之间，是一种重要的半导体材料，性质比较稳定，广泛应用于电子工业的各个领域中。用超纯硅的晶体可以制造计算机芯片的材料——单晶硅（图 6-5）。

图 6-5　硅晶体

6.2.4　有机高分子化合物的合成

高分子化合物的相对分子质量很大（可高达 $10^4 ～ 10^6$），在物理、化学性能上与低分子化合物有很大差异，在生活生产上应用非常普遍。自然界中，也存在大量高分子化合物，例如淀粉、纤维素、蛋白质等。18 世纪后，随着化学科学的发展，社会的进步和生产的发展、人们生活水平的提高，大量的人工合成高分子化合物不断涌现并被广泛运用于材料的制造。绝大多数高分子化合物在常温下都以固态或液态存在，有较好的机械强度、较好的绝缘性和耐腐蚀性能、较好的可塑性和高弹性。合成材料性能优异、使用方便，可以从石油化工、煤化工得到大量的原料，而且生产成本大大低于相关的天然材料，能大规模生产。据统计，年产 1 万吨天然橡胶需要热带土地 10 万亩，栽种 3000 万棵橡胶树，每年需劳动力 5 万人，还要种植 7 ～ 8 年后才能割胶。但是，每年生产等量的合成橡胶只需 150 人的生产厂。从纤维材料的生产看，建一个年产 20 万吨合成纤维厂相当于 400 万亩棉田或 4000 万头绵羊的产量。在工业领域，1t 高分子材料（如各种工程塑料）可代替 3 ~ 7t 金属材料。现在合成材料的产量已大大超过天然资源的开采使用量。

18 世纪以后，化学从炼金术时代走出来。在欧洲，许多化学家纷纷"亮相"，接二连三地开发出了用化学方法制造的材料。化学家发明了塑料，并很快得到应用，成为人工合成有机材料研究、制造发展史的里程碑。塑料的发明和应用，引发了有机材料、高分子材料的研究、创造热潮。1909 年化学家用苯酚和甲醛成功合成酚醛树脂，通过加成聚合和缩合聚合反应，从小分子化合物制备高分子化合物研究获得极大的进展，高分子化合物的概念也被广泛接受。1922 ~ 1928 年间，化学家提出的大分子结构概念，奠定了高分子化学的理论基础。由于高分子合成反应理论、高分子溶液的统计热力学和高分子构象的统计力学研究的贡献，新的合成高分子化合物大量涌现。20 世纪 50 年代，德国化学家与意大利化学家利用金属络合配位催化剂，制得低压聚乙烯。60 年代高分子合成化学、高分子物理和高分子加工达到了成熟阶段，促使聚烯烃、合成橡胶、工程塑料有了新的发展。70 年代开展了有特殊功能高分子的研究，高分子合成进入生物医用材料领域。80、90 年代高分子化学又在高性能、多功能新材料的开发研究上取得了不菲成绩，开发出多种新型的高分子材料。

现代广泛应用的合成树脂和塑料［如制造普通包装用的塑料薄膜的聚氯乙烯（PVC）、取代有机玻璃的用于温室大棚阳光板制造的聚碳酸酯树脂（PC）］、合成纤维（如腈纶、涤纶）、合成橡胶（如丁苯橡胶、氯丁橡胶）、黏结剂（如环氧树脂——"万能胶"）、功能高分子材料（如离子交换树脂、高吸水高分子材料、高分子固体电解质、缓释高分子材料、生物医学高分子材料）都是用合成高分子化合物加工得到的。

高分子化合物的分子往往都是由特定的结构单元通过共价键重复连接而成。例如，聚丙烯 $-CH_2-CH(CH_3)-_n$ 是由 n 个 $-CH_2-CH(CH_3)-$ 结构单元（称为链节）通过共价键重复连接形成的。同一种高分子化合物的分子链所含的链节数并不相同，所以高分子化合物实质上是由许多链节结构相同而聚合度不同的化合物所组成的混合物，其相对分子质量与聚合度都是平均值。

　　合成高分子化合物都有一条长长的主链。主链可以是由碳原子组成的碳链，也可以是碳原子和氧、氮、硫等其他元素的原子连接而成。如聚乙烯（常用于食品包装袋的制造）分子的主链（碳链）结构：$\text{--CH}_2\text{--CH}_2\text{--}$；聚对苯二甲酸乙二醇酯（PET，常用于矿泉水瓶的制造）分子的主链结构：$\text{--OC--C}_6\text{H}_4\text{--COO--CH}_2\text{--CH}_2\text{--O--}$。

　　合成高分子化合物在分子结构上有线型结构（包括带有支链的）、体型结构之分。线型高分子化合物中有独立的大分子存在，在溶剂中或在加热熔融状态下，大分子可以彼此分离开来。体型结构的高分子化合物，由于链间大量交联，没有独立的大分子存在。线型结构（包括支链结构）高聚物具有弹性、可塑性，在溶剂中能溶解，加热能熔融，硬度和脆性较小。体型结构高聚物没有弹性和可塑性，不能溶解和熔融，只能溶胀，硬度和脆性较大。

　　合成高分子化合物，的最基本的反应有两种：缩合聚合反应（缩聚反应）和加成聚合反应（加聚反应）。由两个或两个以上官能团的单体，相互缩合生成高分子化合物，并产生小分子副产物（水、醇、氨、卤化氢等）的聚合反应是缩聚反应。如，用对苯二甲酸和乙二醇进行缩合反应，得到线型聚对苯二甲酸乙二醇酯：

$$n\text{HOOC--C}_6\text{H}_4\text{--COOH} + n\text{HO--CH}_2\text{CH}_2\text{--OH} \longrightarrow$$
$$\text{HO--OC--C}_6\text{H}_4\text{--COO--CH}_2\text{CH}_2\text{--O--}_n\text{H} + (2n-1)\text{H}_2\text{O}$$

　　强度很高的可制作防弹背心的凯夫拉（芳纶1414）是对苯二甲酸和对苯二胺发生缩聚反应生成的。

$$n\text{HOOC--C}_6\text{H}_4\text{--COOH} + n\text{H}_2\text{N--C}_6\text{H}_4\text{--NH}_2 \longrightarrow$$
$$\text{HO--OC--C}_6\text{H}_4\text{--CONH--C}_6\text{H}_4\text{--NH--}_n\text{H} + (2n-1)\text{H}_2\text{O}$$

　　由一种或两种以上单体发生加聚反应，反应过程中没有低分子物质生成，得到的高聚物与原料物质具有相同的化学组成。例如，广泛应用于废水处理、石油开采、造纸等行业的增稠剂聚丙烯酰胺（PAM）是由单体丙烯酰胺加成聚合形成的：

$$n\text{CH}_2\text{=CHCONH}_2 \longrightarrow \text{--CH}_2\text{--CH(CONH}_2\text{)--}_n$$

木材的良好黏结剂聚醋酸乙烯酯是由单体醋酸乙烯酯在自由基引发剂的作用下发生加聚反应得到的：

$$n\mathrm{CH_2}=\mathrm{CHOOCCH_3} \longrightarrow \text{—}[\mathrm{CH_2}\text{—}\mathrm{CH}(\mathrm{OOCCH_3})]\text{—}_n$$

醋酸乙烯酯是用醋酸（$\mathrm{CH_3COOH}$）和乙烯、氧气在催化剂作用下反应制得的（也可由乙酸和乙炔在催化剂下加成制得）。

合成高分子化合物应用极为广泛，遍及人们的衣、食、住、行，国民经济各部门和尖端技术。功能高分子的问世，使合成高分子的应用发展到更精细、更高的水平。例如，利用高分子调整水分的蒸发和散失来改良土壤，绿化沙漠，保护生态体统；制取高转化率的光电池，用以分解水制氢和氧；制备燃料电池和化工原料；开发新型高分子催化剂。此外，功能高分子化合物在高新技术、生命奥秘探索、癌症攻克和遗传性疾病治疗等方面也都有重要应用。

一般的高分子化合物易燃、易老化，难以降解，不能被细菌分解，不被土壤吸收，使用后丢弃会造成严重的环境污染。其中，聚乙烯和聚丙烯是世界上应用极为广泛的两大类商品塑料，废弃物难以回收利用，是"白色污染"的大头。废弃高分子材料的处理、研发可降解的高分子化合物还需要科学家做更多的研究。

6.3　化学家要创造一个新的物质世界

化学家不仅能合成自然界不存在的有机高分子化合物，还能通过精心设计的化学反应路线合成一些生物体（包括人）在体内合成的生命活动必需的结构复杂的有机化合物；还在探索直接控制原子、分子，使它们组合、连接，制造出由大量分子聚集起来形成的宏观物质，形成微型机器人，合成具有自我复制和自我维修能力的超分子。为了保护生态环境、保护人类赖以生存的地球，化学家还致力于研究、设计体现绿色化学观念的化工生产方案，不再使用有毒、危害环境的催化剂，实现化工生产过程的零排放，使原子利用率达到100%。真正实现"在上帝创造的世界的旁边，创造另一个更美好的物质世界"。

6.3.1 生物大分子的合成

医疗领域需要大量的只有生物体在生命活动中能够合成的物质，例如，治疗糖尿病的胰岛素、维生素 B_{12}。化学家一直希望能通过有机合成方法合成这些物质。

（1）维生素 B_{12} 的合成。维生素 B_{12} 含钴元素而呈红色，它是含金属元素的维生素。人体对维生素 B_{12} 需要量极少，但是不可缺少。它参与制造骨髓红细胞，防止恶性贫血，防止大脑神经受到破坏。高等动植物不能制造维生素 B_{12}，自然界中的维生素 B_{12} 都是微生物合成的，需要一种肠道分泌物的帮助才能被吸收。1956 年化学家霍奇金夫人用 X 射线衍射方法测定了维生素 B_{12} 的晶体结构（图 6-6）。图中的箭号表示配位键，R 基可以是甲基、羟基、氰基。维生素 B_{12} 的结

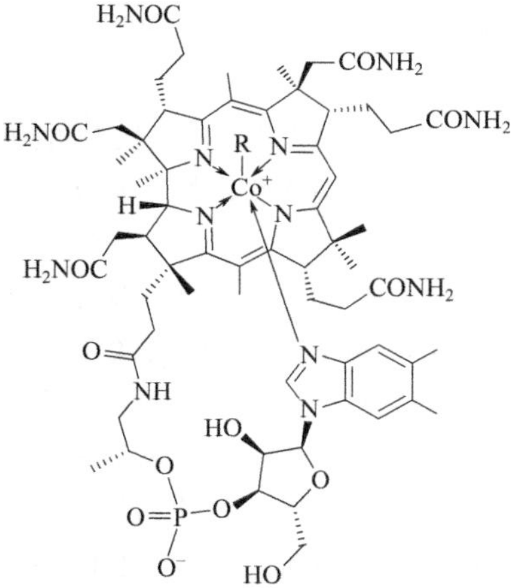

R = 5′-脱氧腺苷基，Me，OH，CN

图 6-6　维生素 B_{12} 的分子结构

构极为复杂，性质极为脆弱，受强酸、强碱、高温的作用都会分解，人工合成非常困难。1960 年，伯恩豪尔提出利用酰胺水解反应可以把维生素 B_{12} 分子中的尾状长链切除，得到钴啉胺酸。1962 年伍德沃德与艾申莫瑟把钴啉胺酸作为合成目标。

要合成一种物质，首先必须掌握它的分子结构，而后用逆合成分析法，找到合成它的路线和步骤。逆合成分析法是用逆向的逻辑思维方法，从合成产物的分子结构入手，一步一步切断分子中化学键，找到可以作为合成中间产物、起始反应物的方法。科学家在掌握目标分子的化学结构后，从结构分析入手，依据分子中各原子间化学键的特征，综合运用有机化学反应和反应机理的知识，选择合适的化学键，通过某种化学反应，使化学键断裂，把分子切割转化成一些能够通过合成反应得到的较小的中间体，再以这些中间体作为新的目标分子，将其切割成更小的中间体，直到找到可以方便获得的合

成反应起始反应物（合成原料）。

由于前人已经解决了尾状长链与钴啉胺酸的连接问题，伍德沃德设计了一个拼接式合成方案，即先合成维生素 B_{12} 的各个局部，然后再把它们对接起来。这种方法后来成了合成所有有机大分子普遍采用的方法。维生素 B_{12} 合成目标的完成，化学家团队用了将近 15 年的时间。其间设计并完成了近 100 步的化学反应，合成的中间产物接近 70 种。合成的工作量、难度之大是空前的。

（2）胰岛素的合成。蛋白质和核酸两类生物高分子是在生命现象中起重要作用的具有生物活性的物质，蛋白质的人工合成是认识生命现象的重要工作。

生物化学与分子生物学发展史上几个里程碑式的工作都是以胰岛素为对象的。胰岛素是蛋白质激素，可作为治疗糖尿病的特效药物，世界上蛋白质的研究有很多成果都是在胰岛素的研究中得到的。1921 年加拿大两位科学家首次成功提取到了胰岛素。1922 年开始用于临床，使过去不治的糖尿病患者得到挽救。两位科学家因此获得诺贝尔奖。在人工合成胰岛素出现之前，用于临床的胰岛素注射制剂几乎都是从动物中提取的（一般是猪胰岛素）。但是猪胰岛素与人胰岛素存在 1～4 个不同的氨基酸，容易发生免疫反应和胰岛素过敏反应。1955 年英国的 F. 桑格小组测定了牛胰岛素的全部氨基酸序列，开辟了人类认识蛋白质分子化学结构的道路。1958 年，中国科学院的几位化学家提出了用人工方法合成蛋白质的宏伟目标。1959 年初，我国人工合成胰岛素的工作全面展开。经过 7 年时间，1965 年，终于完成了具有全部生物活力的结晶牛胰岛素的合成。牛胰岛素是由 21 个氨基酸组成的 A 链与由 30 个氨基酸组成的 B 链，通过 3 个二硫桥键结合而成的蛋白质。它的合成须按顺序完成约 220 个反应。它是第一个在实验室中用人工方法合成的蛋白质，开辟了人工合成蛋白质的时代。结晶牛胰岛素的合成也为我国多肽合成、制药工业打下了牢固的基础。这项成果被认为是继"两弹一星"之后我国的又一重大科研成就。图 6-7 是我国 2015 年发行的"人工合成结晶牛胰岛素五十周年"的纪念邮票。

20 世纪 80 年代，人们通过基因工程（重组 DNA）酵母或重组中国仓鼠卵巢细胞（CHO）表达出高纯度的合成人胰岛素，其结构和人体自身分泌的胰岛素一样。人胰岛素的稳定性高于动物胰岛素，使用人胰岛素能解决过敏反应的发生、胰岛素抵抗等问题。

20 世纪 90 年代末，科学家对人胰岛素结构和成分作了深入研究，利用基因工程技术，对人工合成胰岛素做了结构上的修饰、改造，研制出更适合人体生理需要的胰岛素类似物（速效胰岛素）。

图 6-7　人工合成结晶牛胰岛素纪念邮票

6.3.2　操纵原子、分子制造物质

随着在原子、分子的层次对物质微观结构研究的深入，科学家萌发了操纵原子、分子，制造产品的想法。这似乎是一个梦想。但是，进入 20 世纪 90 年代，化学科学在胶体化学领域的研究、在分子层面上进行分子设计和合成的成果与物理学家发明和制造出来的能够研究和操纵微小粒子的技术相结合，为实现这一梦想奠定了基础，创造了条件。

许多科学家用科学研究实践，把"异想天开"的梦想付诸行动，形成并发展成为纳米科学和纳米技术。1989 年，IBM 公司的科学家用扫描隧道显微镜搬移了 35 个氙原子，拼装成了 IBM 三个字母的标识，后来又用 48 个铁原子排列组成了汉字"原子"两字。随后，西北大学的化学教授查德·米尔金利用纳米级的设备把费因曼演讲的大部分内容刻在了一个大约只有 10 个香烟微粒大小的表面上。21 世纪以来，出现了分子机器的研究成果。例如，波士顿一位教授，用 78 个原子制造了一个化学驱动马达。荷兰的一个大学教授，创造了用 58 个原子的太阳能马达。2010 年，美国哥伦比亚大学科学家研制出由 DNA 分子构成的"纳米蜘蛛"微型机器人。它大小只有 4nm，小于头发直径的十万分之一。"纳米机器人"可以用于医疗事业，帮助医生完成外科手术，清理动脉血管垃圾，识别并杀死癌细胞，组成计算机新硬件等。

纳米技术的发展，为材料和产品的构建打开了一个新天地：可以不用"从大到小"的方式，把宏观物质割裂、切削，加工改造成小件产品；而可以直接以分子、原子在纳米尺度上，"从下到上"地制造具有该特定功能的产品，实现生产方式的飞跃。

6.3.3　分子识别与自组装

在第 2 章我们介绍了一种由冠醚（18- 冠醚 -6）与钾离子形成的超分子。这种冠醚是 20 世纪中叶，三位化学家彼德森、克拉姆和莱恩合成的。这种冠醚与金属阳离子的结合具有选择性。例如，把钾离子换成钠离子，结合作用就较弱。科学家把这种能选择性地与某些离子或有机小分子结合形成有特定功能体系的作用，称为自识别、自组装。三位化学家的创新成果获得 1987 年诺贝尔化学奖。

超分子体系的形成是分子在特定的条件下通过分子间作用力的协同作用而相互结合的过程。相互结合的两个分子的结合部位在结构上是互补的，两个结合部位的基团之间能够产生足够的作用力，使两个分子能够结合在一起。这就是分子的识别。糖链、蛋白质、核酸和脂质各自间以及它们相互之间都存在分子识别。多个分子通过分子识别，以非化学键的作用，自动结合成有序有组织的聚合系统的过程就是所谓的"自组装"。生物体的细胞即是由各种生物分子自组装形成的。

图 6-8 显示 DNA 的三级结构。两条各由 4 种脱氧核糖核苷酸（核苷酸）按照一定的排列顺序，通过磷酸二酯键连接形成的多核苷酸长链盘旋曲折形成双螺旋结构。两条长链由互补碱基对之间的氢键和碱基对层间的堆积力而相互作用，构成一个完整的处于动态平衡的体系。

单个分子或低级分子首先聚集成纳米尺寸的超分子单元，再组装形成超分子。自组装程序的发生通常会将系统从一个无序的状态转化成一个有序的状态，表现出单个分子或低级分子聚集体所不具有的特性与功能。分子是在识别的基础上自发组装形成超分子体系的。

超分子化学在分子层次上对生命现象和生命过程做深层次的研究。科学家希望借鉴自然界的自组装与自组织的思想，运用各种分子的自组装，由下而上建构制备具有光、电、磁、催化功能的纳米材料，人工合成功能新颖而稳定的材料。

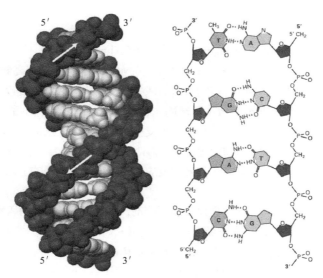

图 6-8　DNA 的结构示意图

6.3.4　走绿色化学合成之路

随着社会的发展进步，人们对环境问题日益关注。化学科学和化工生产领域提出了绿色化学的观念，倡导用化学的技术和方法减少或停止使用与产生对人类健康、社会安全、生态环境有害的原料、催化剂、溶剂和试剂、产物、副产物。绿色化学的理想是使污染消除在产生的源头，使整个合成过程和生产过程对环境友好，零排放或零污染。绿色合成需要随着化学科学的发展逐步实现。

例如，玻璃的制造、加工，需要在高温下熔化原料（石灰石、石英砂、纯碱的混合物）、加热玻璃料，一般都将空气鼓入大熔炉，在高温下产生了大量一氧化碳气体，排入大气中的废气造成严重的污染。经过技术改造，用氧气代替鼓入熔炉的空气，大大减少了一氧化碳的排放，也减少了热量的无端消耗。

又如，制造苯乙烯、聚苯乙烯、丁苯橡胶的重要原料乙苯（C_6H_5—CH_2CH_3）的工业生产，最初是用乙烯和苯在催化剂无水三氯化铝的作用下进行的。

$$C_6H_6 + CH_2 \!=\! CH_2 \xrightarrow{\text{催化剂}} C_6H_5\!-\!CH_2CH_3$$

三氯化铝的腐蚀性较大，还需要加入强腐蚀性的盐酸以提高催化效果，反应结束后要使用大量的氢氧化钠中和废酸，生产过程中产生的大量废水、废酸、废渣、废气严重地污染了环境。经过研究，1976 年开发了采用沸石为催化剂，在高温、中压的气相条件下反应的工艺。新工艺不存在环境污染和设备腐蚀问题，催化剂可重复使用，寿命长，反应热效率高。1990 年，又开发了使用分子筛为催化剂，把催化反应与蒸馏技术相结合的工艺，在绿色工艺上又前进了一步。

在化学生产过程中经常要用到有机溶剂，不少有机溶剂是有害物质，使用无害的溶剂成为化工生产绿色化的一个研究课题。化学家研究发现，"超临界状态"的二氧化碳，兼有气液两相的双重特点，既具有与气体相当的高扩散系数和低黏度，又具有与液体相近的密度和良好的溶解能力，可溶解多种物质，而且它无毒、不易燃、化学性质稳定，与大部分常见物质不反应，也不会形成烟雾，危害臭氧层，可以成为许多有机溶剂的替代品，用于提取物质中的有效成分。二氧化碳气体可以从工业生产过程的废气中回收，使用它还可减少温室气体排放。

在泡沫塑料的生产、织物油污的清洗上，二氧化碳也有用武之地。泡沫塑料的发泡剂，原来使用的是氟氯烃。氟氯烃对平流层的臭氧有破坏作用，1990 年被淘汰。改进的发泡工艺使用纯二氧化碳作为聚苯乙烯的发泡剂。二氧化碳对油污的溶解性差，难以用作干洗剂，后来，一位美国的化学工程师开发出一种可以与二氧化碳联合使用的表面活性剂，使该项运用得以实现。

在化工生产中使用生物催化剂（酶），是践行绿色化学观念的最好途径。因为酶是无害的催化剂，在酶的催化下，化学反应不需要高温，进行得更快、更安全，造成的废料、产生的有害物质更少，而且酶还可以被反复利用。

生物燃料乙醇，是利用酶来催化玉米颗粒中淀粉的水解，使其转化为葡萄糖，再通过发酵将葡萄糖转化为乙醇，得到的产品中含乙醇约为 10%，再通过蒸馏即可分离出乙醇。

阅读本章后，你知道了什么？

1. 化学科学的魅力在于创造。化学科学指导人们直接或间接地应用地球所提供的自然资源制造、合成、创造生产所需要的物质，化学科学衍生的化工技术是材料制造和合成的支撑。无数事实说明，化学科学在探索科学利用自然资源、创造合成自然界不存在的新物质、保障社会的可持续发展方面做出了巨大的贡献。

2. 化学科学的建立和发展，在人类生产生活中所积累的有关物质及其变化的知识、经验的基础上，建立了化学基本理论和基本方法，促成了现代化工生产技术转变提升，有力地指导了人类对自然资源的开发和利用。

当代，化学科学与化工技术，在金属、非金属材料，有机高分子材料的研发、制造、合成，高效、洁净的能源开发方面取得了巨大成就，通过精心设计的化学反应路线合成生命活动必需的结构复杂的有机化合物，并在探索直接控制原子与分子制造化合物、合成纳米材料、具有自我复制和自我修复能力的超分子方面取得了很大进展。

3. 为了保护生态环境、保护人类赖以生存的地球，化学家还致力于研究、设计体现绿色化学观念的化工生产方案，不再使用有毒、危害环境的催化剂，实现化工生产过程的零排放，尽可能使原子利用率达到 100%。

7

展现化学科学价值
弘扬科学研究精神

无数事实告诉我们，化学科学的建立发展，促进了人类对物质世界认识的发展，促使人类更合理更科学地利用自然资源，制造了更多的新物质，使人们的生活质量得到提高，也为地球生态环境的保护、社会的可持续发展做出了贡献。

许多史料说明，化学发现和化学研究成果的取得，是无数科学家用心血换来的。化学家们坚持从生产实践和前人的研究成果中学习，虚心吸取前人的成功经验和失败教训，敢于质疑，不忘传承与创新。

谈化学科学的价值、化学家的贡献，可以洋洋洒洒写出许多篇章。以小见大，见微知著，从日常生活中最普通的一些例子，从一些化学家的故事中，我们可以更具体地感悟、认识化学科学的价值、化学家的崇高精神，从中得到启示和教育。

7.1　化学元素的发现和合成

阅读第 1 章，我们已经知道物质是由元素构成的，也知道了迄今已发现的 118 种元素之间存在着内在联系，把 118 种元素按照元素原子核电荷数递增的顺序排列在一张元素周期表中，可以直观地观察分析元素原子结构和性质呈现周期性的变化。118 种元素的发现、元素周期律的发现、元素周期表的绘制是历代化学家孜孜不倦研究的成果。

7.1.1　元素概念的形成

现在人们都知道，物质是由元素构成的，元素是具有相同核电荷数的原子的集合。回顾历史，我们会发现元素概念的提出和形成并不容易。

古代的先贤、炼金术士、哲学家对元素的认识、理解，都是在实践中通过对客观事物及其变化的观察，积累了一些物质变化的实践资料，通过猜想、臆测取得的。他们认为所有的物质都是由少数几种元素组成的。古巴比伦人和古埃及人曾经把水，后来又把空气和土，看成物质世界的主要组成元素，形成了"三元素说"。古印度人有"四大学说"，古中国人有"五行"学说。此外，还有观点认为元素是四种最原始的性质（热、冷、干、湿），它们的组合构成了万物。公元前 360 年，希腊哲学家柏拉图首先使用"元素"一词。希腊哲学家恩培多克在他的"四元素说"中，也使用了"元素"一词。公元前 350 年，亚里士多德构想出"五元素说"，在四种元素中再加上"以太"。公元 790 年，阿拉伯化学家贾比尔假设金属由两种元素组成：硫（用以解释其可燃性）和水银（用以解释理想中的金属性质）。

　　直到 17 世纪中叶，由于科学实验的兴起，一些科学家开始运用化学实验分析的结果来构建元素的概念。例如，1661 年波义耳在肯定和说明究竟哪些物质是原始的和简单的时，强调实验是十分重要的。他把那些无法再分解的物质称为简单物质，也就是元素，但是在此后的一段时期里，由于缺乏精确的实验材料，人们还难以判断哪些物质应当归属于化学元素（或是不能再分的简单物质）。拉瓦锡在 1789 年发表的《化学基础论》一书中列出的化学元素表有 33 种化学元素。拉瓦锡把一些非单质（例如能成盐的石灰、苦土、重土、矾土、硅土）列为元素，还把光和热也当作元素了。19 世纪初，英国科学家戴维，发明了电解提炼金属单质元素的方法，采用这种方法，他成为当时发现元素最多的科学家（他在电解提炼钾和钠的实验中，一只眼睛受伤失明）。19 世纪初，道尔顿创立了原子学说，并着手测定原子量。他把化学元素的概念与物质组成的原子量联系起来，元素开始与有一定（质）量的同类原子关联起来。1841 年，贝采里乌斯依据已经发现的硫、磷等元素可以以不同的形式存在的事实，第一个提出了"同素异形"的术语，创立了同（元）素异形体的概念，认为相同的元素能形成不同的单质，把元素单质的概念区别开来。19 世纪后半叶，门捷列夫建立化学元素周期系，明确指出元素的基本属性是原子量。他认为元素间的差别表现在有不同的原子量上。他明确提出要区分单质和元素两个概念。随着社会生产力的发展和科学技术的进步，19 世纪末，电子、X 射线和放射性相继被发现，科学家们可以对原子的结构进行深入的研究。1913 年，英国化学家索迪提出了具有相同核电荷数而原子量不同的同一元素可以形成不同的同位素，它们可以位于化学元素周期表中同一个位置上。随着原子学说和原子结构理论的出现，人们认识到决定化学元素性质的主要因素是元素原子核内的核电荷数和核外电子数，这才终于明确了能反映元素本质的元素概念："元素是具有相同核电荷数的同一类原子的总称。"

7.1.2 元素的发现

自然界中有多少种元素，还有哪些自然界中不存在的元素，也是人们渴望知道的一个有趣的问题。当然，这也是一个不可能在短时间里完全得到解决的问题。118 种元素发现的历程用雄辩的事实证明：人类的生产、生活实践是科学发现的基础；科学家对自然探索的强烈欲望是科学发现的永恒动力；科学技术的进步是科学发现不可或缺的条件；科学理论的建立、自然规律的发现是新发现的催化剂。

从历史阶段看，元素最早是人类在生产生活实践中发现的，炼丹术士在炼制黄金、"不老药"期间发现，如金、银、铜、铅、锡、铁、汞、锑、铋、锌、铂、钴、硫、碳、磷、砷等，但是那时人们并不认为它们是元素。

随着化学实验方法的形成，化学家通过科学实验，运用化学实验分析发现了多种元素，如 1741 ～ 1787 年发现的氢、氧、氮、氯、碲、锰、钼、镍、钨等，1787 ～ 1803 年发现的铬、铍、铀、钛、钇、钽、锆、铈、锗、钯、铌 11 种元素，1803 ～ 1808 年发现的锇、铱、钾、钠、钡、锶、钙、硼、镁，1808 ～ 1842 年发现的硒、溴、碘、钒、硅、镉、钍、铝、镧、锂等元素，1842 ～ 1859 年发现的铒、铽、钌 3 种元素。其中有的元素是利用电解技术获得的，如化学家戴维通过电解发现的钾、钠、钙、镁、钡、氯、碘等元素。

1859 ～ 1868 年，门捷列夫周期系建立，促成了 12 种新元素的发现：钪、镓、铯、锗、镨、钕、钐、钆、钬、铥、氟、镝。其中有门捷列夫在发现元素周期系期间，预言并最终被发现的类铝（镓）、类硼（钪）等。还有科学家本生和基尔霍夫通过光谱分析发现的锂、铯、铷、铊和铟。1889 ～ 1898 年，发现了 5 种惰性气体元素（氦、氖、氩、氪、氙），居里夫人（图 7-1）发现了两种放射性元素镭和钋。随后，1898 ～ 1907 年，发现了氡、锕、镥、镨 4 种元素。1907 ～ 1937 年，发现了镤（1913）、铪（1923）和铼（1925）3 种新元素。1937 年，发现了元素锝，锝是迄今为止发现的最后一种自然界存在的元素。随着科学技术的发展，科学家发现，运用原子反应堆、高速粒子加速器通过核反应可以制得自然界中不存在的新元素。这些新元素，是以上述元素为基础，利用核反应的方法，用 α 粒子、氘核、质子或中子对其邻近元素（按照门捷列夫周期表中的位置）的核作用而人工制造出来的。2015年12月30日，IUPAC确认人工合成了113号、115号、117号和118号4个新元素。元素周期表从第一到第七周期的元素终于被科学家们全部发现了。图7-2是为纪念合成118号元素的科学家发行的纪念邮票。

图7-1　发现镭元素的著名科学家
居里夫人

图7-2　合成118号元素的科学家
尤里·奥加涅纪念邮票

7.1.3　元素周期律的发现

在人们认识到元素是物质之源，陆续发现了许多元素，积累了不少元素的知识之后，科学家逐渐意识到，各种元素间不应该是散漫无序、毫无关系的。元素之间究竟存在什么样的关联？一代接一代的化学家对当时已发现的元素知识进行归纳、整理，尝试对元素进行分类，试图从中找出规律性。

1789年拉瓦锡在著作中发表了他研究元素分类的成果，首次发布了他的"元素表"。1815年英国的威廉·普劳特提出所有元素的原子量均为氢原子量的整数倍的设想，认为氢是原始物质或"第一物质"。他试图把所有元素都与氢联系起来。1829年德伯赖纳把当时已经发现的元素分成5个三元素组（Li、Na、K；Ca、Sr、Ba；P、As、Sb；S、Se、Te；Cl、Br、I）。1843年盖墨林把当时已知的化学元素按性质相似分类制成了元素表。19世纪60年代，法国的尚古多制出了元素分类的螺旋线图，提出了元素性质和原子量之间有关系，并初步提出了元素性质周期性的设想。1864年英国的欧德林用46种元素排出了"元素表"。同年，德国的迈尔依照原子量大小排出"六元素表"，把元素分为若干族，显示出元素周期的雏形。1865年英国的纽兰兹把 62 种元素依原子量递增顺序排列，发现每列的第八个元素性质与第一个元素性质相近，好似音乐中的八度音（他称之为"八音律"），"八音律"揭示了元素化学性质的重要特征。

在这些研究的基础上，1867 年俄国化学家门捷列夫对当时已发现的 63 种元素的性质、原子量做了归纳、比较，终于发现元素及其化合物的性质与元素原子量存在周期关系，提出了元素周期律的设想，并依据周期律排出了周期表。他还根据周期表所显示的元素间性质的递变关系，修改了当时所测定的铍、铯的原子量，预言了三种尚未被发现的新元素。后来的发现证实了他的预言，验证了他所提出的元素周期律的正确性。也因此，元素周期律迅速被化学家们所接受。此后，在元素周期律的指导下，化学家们先后发现了镓、钪、锗等元素，还预言了稀有气体元素的存在。1898 年以后，化学家又先后发现了氖、氪、氙等元素，在周期表中增加了新的一族。至 1944 年，92 种化学元素全部被发现。周期律的发现，使元素成了一个完整的自然体系，化学变成一门系统的科学。

但是，元素间内在关系的探究，并未到此结束。19 世纪末 20 世纪初，随着化学科学的发展，科学家们能更精确地测定元素原子量，发现了碲原子量大于碘、氩原子量大于钾、钴原子量大于镍等事实，即门捷列夫周期表中有几处元素的排列、性质的递变规律与原子量递增顺序相悖，并陆续提出了修改门捷列夫周期表中几处元素排列顺序的设想。面对互相矛盾的排列顺序，科学家感到困惑。随后，随着阴极射线、电子、放射性等的发现，卢瑟福有核原子结构模型的提出，科学家逐渐认识到原子结构的复杂性。1913 年，荷兰科学家范德布洛克指出元素在周期表中的排列顺序应该是决定于元素原子具有的电子数，把元素在周期表中的排列顺序与原子结构联系起来，动摇了门捷列夫关于元素性质随原子量大小递变的观点。

1913～1914 年间，英国青年物理学家莫斯利在 X 射线技术的研究中，证明决定元素性质的不是原子量，而是原子的核电荷数以及核外电子数。由此，揭示了元素化学性质是元素原子核电荷数的周期性函数的本质。1916年德国化学家柯塞尔在元素周期表中用原子核电荷数递增的顺序取代元素原子量递增的顺序。1920 年英国科学家查德维克进一步证实了莫斯利的工作。至此，元素周期律有了新的定义：元素的物理性质和化学性质，以及由元素形成的各种化合物的性质,都与元素原子核电荷数成周期性关系。随着现代原子结构理论的建立,周期律理论得到了发展。

20世纪后,原子核结构研究的深入,质子、中子的发现,原子核组成的揭示,同位素概念的建立,原子量精确测定技术的进步,氢元素光谱的研究,物质波概念的提出,薛定谔微观粒子运动方程的建立,核外电子运动状态和能级的确定,把元素性质和原子结构尤其是元素原子核外电子排布和运动状态联系起来,进一步揭示了元素周期律的本质,把已发现的元素组织成一个完整的系统,建立了更科学的化学元素周期系。

元素周期律的发现,元素周期表的形成,充分说明科学的发展,需要发现问题、提出问题,并根据已有的事实,对问题做进一步的探索,提出更科学的设想,尝试运用于解释、说明已有事物、预测尚未发现的事物,通过实验和实践检验所做的设想,发现、修正错误,完善设想,认识问题的本质和规律,获得新知。

7.2 食盐应用的开发拓展

食盐是人们熟知的调味品,海洋里、地壳中蕴藏着丰富的食盐。从海洋、盐湖、盐矿提取得到海盐、井盐、湖盐、岩盐的主要成分都是氯化钠。我国东部地区有许多海水盐场,还有许多因产盐知名的地方。四川的自贡、山西的运城自古就有"盐都、盐池、盐城"之称。食盐的提取十分简单,用富含食盐的卤水经净化、蒸发结晶,就可以得到食盐晶体。图7-3展示了从海水中提取食盐的情景。

图 7-3 海水晒盐

食盐从厨房里的调味品，变成重要的化学工业原料，没有化学科学是难以想象的。

7.2.1 食盐是调味品

人类在生活中很早就知道了食盐有咸味，可以作为食物的调味品、腌制食物，延长食物的保存期限，防止食物因为微生物的作用变质、腐败。出土文物证明，在我国仰韶时期（公元前 5000 年～公元前 3000 年）古人已学会煎煮海盐。夏、周时代，咸味已成为知名的"五味"之一，还用于治病，汉代王莽称食盐为"食肴之将"。

在商品经济不发达的农耕年代，盐是大多数人需要购买才能得到的。盐的生产、运输、贩卖是古代重要的经济活动之一。我国各个历史时期，都有许多记载盐业开发、利用、运输的历史文献、档案，有许多因盐业发展起来的盐业城市、盐田、盐井、古盐道。西汉时期，我国江苏盐城的东台先民，就会"煮海生盐"。先后在此任盐官的北宋三位名相晏殊、吕夷简、范仲淹在东台艰苦创业。范仲淹重修的捍海堰——范公堤，名标青史。我国最早发现并利用的池盐，产地在晋、陕、甘等西北地区，如山西运城的盐池历史悠久。我国古代岩盐产地在今天甘肃环县和酒泉市。大颗粒结晶的矿盐，除了主要成分氯化钠，还含有微量元素。各地岩盐含有不同的微量元素，呈现赤、紫、青、黑、白等不同的颜色。

在科学还不太发达的时代，人们只是从生活经验知道食盐可以作为调味品、腌制食物，对食盐的生理作用并不了解，更谈不上把它运用于治疗，也谈不上合理地摄取食盐，保障身体的健康。

氯化钠是人体中不可缺少的无机盐，在人体内以钠离子和氯离子形式存在。随着化学及医学学科的发展，人们对钠离子、氯离子在人体内运动变化的认识更加深入，帮助人们更科学地认识食盐在人体中的作用，更合理地在饮食中摄取食盐。

成人体内所含钠离子总量约为 60g。在细胞外液中，Na^+ 占阳离子总量的 90% 以上，Cl^- 占阴离子总量的 70% 左右。人体细胞内外存在一定浓度的钠离子和氯离子，能维持细胞外液渗透压。它们是影响人体内水进出细胞的重要因素。我们知道动物的细胞膜、毛细血管壁等物质具有半透膜的性质，可以让水分子透过，而不允许颗粒直径较大的分子或分子团透过。纯水和溶液（或者稀溶液和浓溶液）用半透膜隔开，纯水中的水分子可以自发透过半透膜进入溶液（或者从稀溶液穿过半透膜进入浓溶液），发生渗透现象。当渗透达到平衡状态，水就不会再通过半透膜从一边移向另一边了。能阻止水继续渗透到溶液一边的压力，就是该溶液的渗透压。水总是从渗透压低的一侧向高的一侧移动。溶液的渗透压与溶液的浓度和温度成正比。细胞膜或血管壁两侧溶液浓度不一样，就会发生渗透作用，水分子会穿过半透膜从溶液浓度小的一边往浓度大的一边移动。当细胞内外的溶液渗透压相等，处于动态平衡，水不会再通过细胞膜移动。人体细胞内外存在一定浓度的钠离子和氯离子，使细胞外液具有一定的渗透压。体液渗透压的改变，能影响人体内水的动向。例如，要给病人大量补液时，要使用和人体血液的渗透压相等的溶液（称为等渗溶液），水才能顺利进入血管中。

钠离子与氯离子还参与神经兴奋的传导和肌肉的收缩等重要作用。钠离子和碳酸氢根离子形成的碳酸氢钠，在血液中具有缓冲作用，参与体内酸碱平衡的调节。Cl^- 与 HCO_3^- 在血浆和血红细胞之间也存在动态平衡，当 HCO_3^- 从血红细胞渗透出来的时候，血红细胞中阴离子减少，Cl^- 就进入血红细胞中，以维持电性平衡。

人体在神经 - 体液 - 内分泌网络的调节下，能保持水和氯化钠等无机盐的摄入量和排出量的动态平衡，维持体内含量相对恒定，平衡失调会造成人体脱水或水肿。

氯离子在体内还参与胃酸的生成。胃液的主要成分有胃蛋白酶、盐酸和黏液，呈强酸性，pH 约 0.9 ~ 1.5。胃腺中的细胞壁可以把 HCO_3^- 输入血液，分泌出 H^+，输入胃液。而 Cl^- 从血液中经壁细胞进入胃液，可以保持胃液的电性平衡。此外，食盐在维持神经和肌肉的正常兴奋性上也有作用。

人体对食盐的需求量一般为每人每天 3 ~ 5g。由于生活习惯和口味不同，实际食盐的摄入量因人因地有较大差别，我国一般每人每天约进食食盐 10 ~ 15g。当细胞外液大量损失（如流血过多、出汗过多）或食物里缺乏食盐时，体内钠离子的含量减少，钾离子从细胞进入血液，会发生血液变浓、尿少、皮肤变黄等病症。食盐能使蛋白质凝固，抑制微生物的繁殖，可以腌制食物。因此在烹调中煲鱼、肉汤时不宜过早放盐，以避免使蛋白凝固，不易水解溶于汤中，使汤不鲜浓。

7.2.2　食盐是重要的化工原料

随着化学科学及其应用的发展，食盐从人们的厨房里逐渐走向工业领域。进入 19 世纪 20 年代后，勘探、开采、加工技术的进步，食品工业、化学工业的崛起，使食盐开始成为价廉的商品和化工原料。如图 7-4 所示。

图 7-4　食盐的应用领域

在工业上用于清除水垢的活性盐，用于冬天融化积雪的融雪盐都含有食盐，制造肥皂、鞣制皮革也要用到食盐。用食盐可以制得多种化工产品。电解熔融的食盐，可以得到金属钠和氯气。电解饱和食盐水，同时可以制得氯气、氢气、烧碱。利用得到的氯气、氢气可以制造氯化氢气体和盐酸。利用食盐溶液与二氧化碳、氨水作用可以制得纯碱。因此，现代五种基本的化工原料中的三种（盐酸、烧碱和纯碱）都可以用食盐生产。氯气还可用于制造漂白粉、84 消毒液、二氧化氯、氯胺等消毒剂和漂白试剂。利用氯气、氯化氢与乙炔、乙烯、苯等各种有机化合物反应，可以制造包括聚氯乙烯在内的各种有机化工产品。

化学稳定性较强的食盐可以用于制造化学活泼性很强、具有强还原性的金属钠，也可以制造化学活泼性很强、氧化性很强的非金属单质氯气，似乎是非常奇怪的事。但是从化学反应的角度作分析，并不奇怪。

食盐应用的开拓，利用价值的不断提高，得益于化学科学。对食盐的研究，使人们对食盐物理、化学性质的认识不断深入。

食盐是由钠元素和氯元素组成的离子化合物，属于无机盐。食盐在水溶液中、在熔融状态下可以电离成自由移动的钠离子和氯离子，可以导电，可以通电电解转化为其他化合物。

工业上使用经过精制的饱和食盐水在离子交换膜电解槽中进行电解（图7-5）。电解时，经过净化精制的饱和食盐水不断送入电解槽的阳极室，Cl^-在电解槽的阳极失去电子形成氯气，阳极区的 Na^+ 通过离子交换膜进入阴极区；在阴极上水分子中的氢被还原为 H_2 和 OH^-，OH^- 与从阳极区渗入的 Na^+ 形成 NaOH 溶液。阳离子交换膜只允许 Na^+ 通过，能阻止阳极区中生成的 Cl_2 迁移到阴极区，有效地防止 Cl_2 与 NaOH 发生反应。通过电解反应，在阴极室形成较浓的烧碱溶液和氢气，在阳极室得到氯气。电解得到的浓度达到 50% 以上的 NaOH 溶液从阴极室引出。发生的反应可简单表示为：

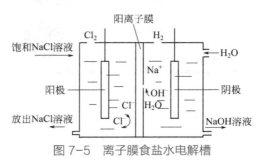

图 7-5　离子膜食盐水电解槽

在电解槽阴极：$2H_2O + 2e^- \xrightarrow{} H_2\uparrow + 2OH^-$（还原反应）

在电解槽阳极：$2Cl^- - 2e^- \xrightarrow{} Cl_2\uparrow$（氧化反应）

电解总反应：$2Cl^- + 2H_2O \xrightarrow{通电} 2OH^- + Cl_2\uparrow + H_2\uparrow$

$2NaCl + 2H_2O \xrightarrow{通电} 2NaOH + H_2\uparrow + Cl_2\uparrow$

电解饱和食盐水得到的氯气、氢氧化钠和氢气都是重要的化工原料，是化学工业上著名的氯碱工业的源头。

利用食盐为主要原料还可制得另一种重要的工业原料——纯碱。制造纯碱的侯氏制碱法，是我国化工专家侯德榜（图 7-6）对我国和世界的重大贡献。

图 7-6　侯德榜纪念邮票

侯德榜在 20 世纪 40 年代，打破了外国垄断、封锁的纯碱制造工艺，创造了更为先进的纯碱制造工艺，并提供给许多国家使用。侯氏制碱法以食盐、氨及合成氨工业副产的二氧化碳为原料，同时生产纯碱及氯化铵两种产品。由于原料氨和二氧化碳是合成氨厂提供的，该方法又称"联合制碱法"或称"联碱"。其主要生产过程如下：

第 1 步：在低温下向氨化的饱和食盐水中通入二氧化碳气体，使溶液中形成高浓度的钠离子、碳酸氢根离子，由于碳酸氢钠溶解度较小，可成为碳酸氢钠结晶析出：

$$NH_3 + H_2O + CO_2 + NaCl == NH_4Cl + NaHCO_3 \downarrow$$

第 2 步：过滤分离出碳酸氢钠晶体，热分解碳酸氢钠得到碳酸钠，分解出的二氧化碳气体可循环使用：

$$2NaHCO_3 \xrightarrow{\triangle} Na_2CO_3 + H_2O + CO_2 \uparrow$$

第 3 步：在分离出碳酸氢钠的母液中还含有 NaCl、NH_3、NH_4Cl 和 $NaHCO_3$，将母液降温至 6～8℃，通入氨气，增大母液中铵根离子浓度，同时可把溶液中的 $NaHCO_3$ 转化为碳酸钠：

$$2NaHCO_3 + 2NH_3 \cdot H_2O == Na_2CO_3 + (NH_4)_2CO_3 + 2H_2O$$

第 4 步：加入食盐粉末，使氯化铵结晶析出。在低温下，氯化铵溶解度比氯化钠小，溶液中氯根离子浓度大，氯化铵可更多析出。溶液中 $NaHCO_3$ 转化为碳酸钠可提高析出的氯化铵纯度。同时，母液中补充了钠离子浓度，有利于食盐的循环利用。

7.2.3 食盐电解产品钠和氯气的应用价值

食盐的电解产品金属钠和氯气，是现代重要的化工原料。图 7-7 简单地介绍了钠和氯气的一些重要用途。

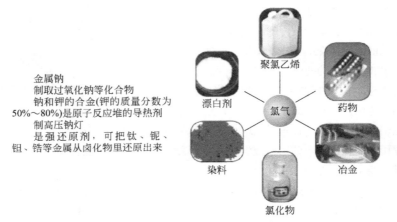

金属钠
制取过氧化钠等化合物
钠和钾的合金(钾的质量分数为 50%～80%)是原子反应堆的导热剂
制高压钠灯
是强还原剂，可把钛、铌、钽、锆等金属从卤化物里还原出来

图 7-7　金属钠、氯气的用途

氯气的发现归功于瑞典化学家舍勒。1774 年，他发现加热二氧化锰与盐酸的混合物能产生黄绿色的有刺激性气味的烟雾，这种烟雾的水溶液对纸张、蔬菜和花朵具有漂白作用。此后，许多科学家对这种烟雾做研究，直到 30 年后，英国科学家戴维经过一系列研究，提出它并非化合物，而是一种不能被分解的物质——单质，并将这种单质命名为 "chlorine"，意为 "绿色"或 "黄绿色"，并得到公认。

钠的发现和制取归功于英国化学家戴维。1799 年意大利物理学家伏打发明了可将化学能转化为电能的电池。1800 年英国的尼科尔逊和卡里斯尔采用伏打电池电解水获得成功，使人们认识到可以将电用于化学研究。许多科学家纷纷用电做各种实验。英国皇家科普协会的化学家戴维，想到能分解水的电流，对于盐溶液、固体化合物会有什么作用呢？他组装了一个特别大的电池，着手进行各种物质的电解实验。他首先选择了草木灰（即苛性钾）作研究对象。用饱和水溶液进行电解，结果在两极只得到氧气和氢气。在仔细分析后，他认为可能是由于电解时有水存在，便改用熔融的苛性钾进行电解，终于在导线与苛性钾接触的地方不停地出现紫色火焰，但由于温度太高而无法收集到能产生紫色火焰的物质。在再次总结经验后，1807 年他的电解实验终于获得成功。他把纯净的苛性钾放置在连接电池负极的白金盘上，用一根白金丝一端连接在电池正极上，另一端与苛性钾相接触。通电后，苛性钾慢慢熔解，随后在与正极相连的部位沸腾不止，产生许多气泡，与负极接触的地方，有带金属光泽、像水银的小球状物质产生，小球一生成就发火燃烧，产生爆鸣声和紫色火焰，未来得及燃烧的部分，表面慢慢变得灰暗，被白色的薄膜包裹。戴维把得到的物质投入水中，发现它在水面上急速运动，发出"咝咝"响声，有紫色火花出现。他断定这是他要寻找的物质——一种新元素，并将其命名为钾。紧接着他采用同样方法电解了苏打，获得了另一种新的金属元素——钠。戴维还对石灰、苦土（氧化镁）等进行电解实验，吸取了贝采里乌斯电解石灰和水银混合物的经验，将石灰和氧化汞按一定比例混合电解，成功地制取了钙汞齐，加热蒸发掉汞就得到了银白色的金属钙。紧接着他用电解方法制取了金属镁、锶和钡。

1785 年，法国化学家贝托雷对舍勒发现的氯气溶于水后具有漂白作用的事实重新进行了研究探索，验证了氯气溶于水后的漂白性，并开始尝试将其应用到纺织物的漂白中，开创了氯气漂白溶液的工业化生产应用。在一系列摸索后，他还发现将氯气通入木灰汁（其中含有氢氧化钾）中反应过滤后得到溶液仍具有漂白性，而且比氯水更加稳定。这是人们首次制得次氯酸盐溶液，大大提升了纺织物漂白效率。随后，英国人田纳特于 1798 年改用石灰水与氯气反应获得另一种漂白剂——次氯酸钙。1799 年，又通过石灰与氯气反应制得了固体次氯酸钙，生产了人们熟知的"漂白粉"。

氯气能与石灰乳作用生成氯化钙（$CaCl_2$）、次氯酸钙[$Ca(ClO)_2$]的混合物（其中还含有未与氯气反应的消石灰）——漂白粉，是早期运用很广的消毒漂白剂。漂白粉中的次氯酸钙能和空气中的二氧化碳作用生成具有强氧化性的次氯酸（$HClO$），能够将具有还原性的物质氧化，使其变性，起到消毒杀菌和漂白作用。

$$2Cl_2 + 2Ca(OH)_2 \mathbin{=\!=\!=} CaCl_2 + Ca(ClO)_2 + 2H_2O$$
$$Ca(ClO)_2 + H_2O + CO_2 \mathbin{=\!=\!=} CaCO_3\downarrow + 2HClO$$

漂白粉中含有不具有氧化性的氯化钙、未与氯气反应的消石灰，能生成次氯酸的量不多，有效氯含量不高，逐渐被次氯酸钠溶液代替。次氯酸钠溶液是用氢氧化钠溶液吸收氯气得到的。NaClO 在水溶液中也能和水、二氧化碳发生反应，生成具有漂白性的 HClO。

$$Cl_2 + 2NaOH \longrightarrow NaCl + NaClO + H_2O$$
$$NaClO + H_2O + CO_2 \longrightarrow NaHCO_3 + HClO$$

1984 年，地坛医院的前身北京第一传染病医院研制出能迅速杀灭肝炎病毒的消毒液，定名为"84"肝炎洗消液，后更名为"84 消毒液"。84 消毒液的主要成分就是次氯酸钠。

氯气可溶于水（溶解度不大），部分溶于水的氯气还能与水发生可逆反应，生成次氯酸和盐酸：

$$Cl_2 + H_2O \rightleftharpoons HClO + HCl$$

次氯酸具有强氧化性，能氧化破坏某些有色物质的分子结构，具有漂白作用。细菌表面带负电荷，次氯酸能扩散到细菌的表面，穿透到细菌体内，氧化破坏细菌的酶系统，从而杀死细菌。自来水生产过程中用氯气处理经过沉淀去除不溶性杂质的水，可杀菌消毒，这个过程称为自来水的氯化处理。

研究发现，氯气、次氯酸除了能消毒灭菌外，还会与水中存在的天然有机物、溴化物、碘化物等其他物质，生成多种氯化消毒副产物，因而引起人们对饮用水氯化消毒的安全性问题的关注。实际上，自来水的生产都要求严格控制余氯的含量，生产过程符合国家标准的自来水是不会危害人体健康的。为了进一步提高水质，避免供水过程中可能产生的二次污染，还可以安装家用的净水器。

当生产自来水的原水中存在氨态氮时，氯气还能与其反应，生成氯胺，且随着加氯量的增加，会分别生成一氯胺（NH_2Cl）、二氯胺、三氯胺。一氯胺在中性、酸性环境中会和水发生水解反应，生成具有强烈杀菌作用的次氯酸：

$$NH_2Cl + H_2O \longrightarrow NH_4ClO$$
$$NH_4ClO \longrightarrow NH_3 + HClO$$

氯胺也是重要的水消毒剂，同时向水中加一定比例的氯和氨（液氨、硫酸铵或氯化铵溶液），控制加氯量和加氨量可以使之发生反应生成氯胺，进行消毒处理。也可以在水中直接加入产品氯胺，进行消毒处理。氯胺消毒杀菌作用较慢，杀菌能力比游离氯差，但持续时间长。给水管和给水管网很长时，可防止细菌在管网中再度生长。氯胺稳定性较好，不会和有机物反应生成三氯甲烷等致癌物。

科学家研究发现，氯的氧化物二氧化氯（ClO_2）的水溶液，也具有很好的杀菌消毒作用。二氧化氯是黄绿色气体，有辛辣气味，在水溶液中比较稳定。它的水溶液在低浓度时为黄绿色，高浓度时为橘红色。二氧化氯溶液是高效的氧化剂，有强大的去色和漂白能力。它可以通过吸附、渗透作用，进入细胞体，氧化细胞内酶系统和生物大分子，快速地控制微生物蛋白质的合成，达到杀灭细菌、病毒的作用。它对动、植物不产生损伤，杀菌作用持续时间长，受 pH 影响不敏感。近几年来用二氧化氯发生器制造二氧化氯溶液对自来水进行消毒的方法已经得到运用。二氧化氯发生器制造二氧化氯的反应可表示如下：

$$2NaClO_3 + 4HCl \Longrightarrow 2NaCl + Cl_2 + 2ClO_2 + 2H_2O$$

二氧化氯在溶液中先同水发生反应产生亚氯酸（$HClO_2$），亚氯酸是一种相当弱的弱酸，也具有氧化漂白作用。目前，二氧化氯被认为是氯消毒剂的理想替代品。自来水的消毒漂白，除了使用氯气、氯的某些化合物外，还使用臭氧、紫外线杀菌消毒。但由于臭氧制取设备复杂，投资大，运行费用高，一直没有得到普遍推广。紫外线消毒在给水处理中有很好的发展前景，但不能维持管网内持续的消毒效果，在大型水厂的应用必须跟氯结合，目前使用还受到一定的限制。因此，饮用水的杀菌消毒，主要依靠含氯化合物消毒剂。

7.3 阿司匹林的研发和使用

在化学尚未成为独立学科的时代，医药制造和应用领域就已经运用了许多化学实验操作和技术，积累了许多物质性质、变化的知识。随着化学科学的建立、发展，化学科学在药物开发、生产，新的高效、安全药物的合成和生产中发挥了重要的作用。许多民间验方中应用的"土医药"经过研究改进，变身成为药理充分、疗效很高的经典药剂。阿司匹林的发明、合成就是一个典型的例子。

阿司匹林是一种人们非常熟悉的药物，它的年龄超过了 100 岁。它与青霉素、安定并称为"医药史上三大经典药物"。阿司匹林具有消炎镇痛作用，作为抗凝血药，可用于防治血管内栓塞或血栓形成的疾病，预防心脑血管疾病。研究发现，阿司匹林在抗肿瘤等疾病治疗领域中也有一定作用。阿司匹林从诞生到现在历经的一百多年，显示了有机化学在天然药物提取、改造、合成和更新换代中的巨大威力和贡献。

7.3.1　水杨酸的来源与应用

阿司匹林源于柳树的提取液。古苏美尔人在泥板上记载了用柳树叶子治疗关节炎。早在公元前 1534 年，古埃及最古老的医学文献《艾德温·史密斯纸草文稿》就记载了古埃及人将柳树用于消炎镇痛的事实。公元前 400 年，古希腊医师希波克拉底给妇女服用柳叶煎茶来减轻分娩的痛苦。传说这个古希腊的著名医生把柳树皮制成一种药粉让病人服用缓解疼痛和退烧，让病人咀嚼柳树皮或柳树叶来缓解疼痛。1758 年英国一位教士发现晒干的柳树皮对疟疾的发热、肌痛、头痛症状有效。他给英国皇家学会专门写了一份报告，介绍了银柳树皮的止疼和退烧效果。在美洲，印第安人也很早就认识到咀嚼柳树皮或用水冲泡柳树皮饮用可以治疗疼痛和发烧。我国《神农本草经》也记载了柳树的根、皮、枝、叶均可入药，有祛痰明目、清热解毒、利尿防风的功效，外敷可治牙痛。《本草纲目》也记载："柳叶煎之，可疗心腹内血、止痛，治疗疮；柳枝和根皮，煮酒，漱齿痛，煎服制黄疸白浊；柳絮止血、治湿痹，四肢挛急。"17、18 世纪，随着化学学科，特别是有机化学的飞速发展，人们逐渐认识到，某些植物之所以有特殊的药用效果，是因为植物里含有特殊的有机分子，正是这些分子起到了药效。但是，人们一直不懂柳树皮中含有哪种有治疗功效的物质，只是按照传统利用柳树作为止痛药物。

1828 年，法国药学家和意大利化学家成功地从柳树皮里分离提纯出了活性成分水杨苷。1838 年，化学家又提取到更强效的化合物，并命名为水杨酸。水杨酸极为难吃，对胃的刺激很大。1852
年，法国化学家戈哈特发现了水杨酸的分子结构
（图 7-8），它的学名是邻羟基苯甲酸，并于 1853
年合成了不纯的水杨酸。从苯酚合成水杨酸的

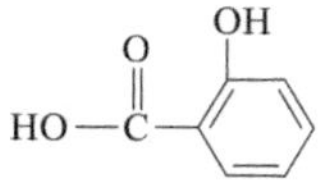

图 7-8　水杨酸分子结构

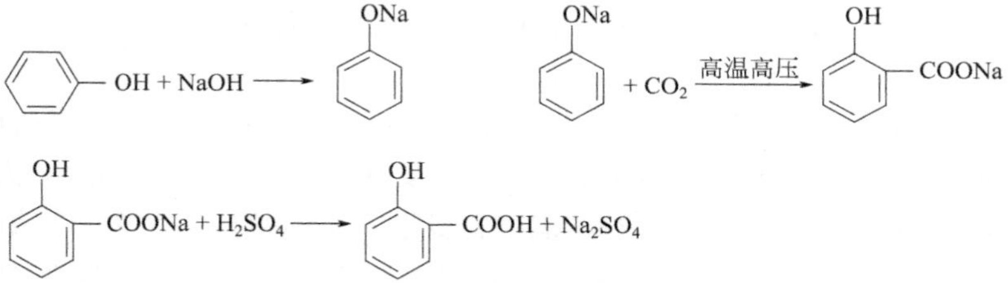

反应见图 7-9。由于当时制得的水杨酸纯度差，性质不稳定，没有引起人们的注意。随后，德国化学家克劳特制得了更纯的产品。但是，他们都没有发现它的医学价值。1876 年，邓迪皇家医院一位医生在《柳叶刀》上发表了水杨酸盐类的临床研究，证明水杨苷能缓解风湿患者的发热和关节炎症。水杨酸钠从此开始用于解热镇痛和关节炎、痛风等疾病治疗。

图 7-9　从苯酚合成水杨酸的反应

后来，研究还发现，蔬菜遇到细菌和病毒攻击，会分泌水杨酸来保护自己。它可集中植物体内各种蛋白质，攻击来敌。种植有机蔬菜，因为不施农药，蔬菜会分泌更多水杨酸（比普通蔬菜水杨酸含量高出 6 倍）。此外，水杨酸可促进叶片中木质素含量的增加，导致细胞壁木质化，加大真菌穿透细胞壁的阻力，增加细胞壁抗酶溶解的作用，能诱导植物植保素的产生，并在受侵染细胞周围积累，起到屏障隔离作用，防止病原进一步扩散。这些作用为植物抵抗病原生物提供了有效的保障。

7.3.2　阿司匹林的研制、合成与修饰

由于水杨酸作为药物，有明显的副作用，会引起呕吐和胃部不适，德国化学家费利克斯·霍夫曼在其导师、知名化学家亚瑟·艾兴格林的带领下，进行了水杨酸合成的改进研究，希望制造出一种稳定的副作用更小的解热镇痛药。在亚瑟·艾兴格林的指导下，1897 年霍夫曼用水杨酸与乙酸酐反应，

给水杨酸分子加了一个乙酰基，制造出稳定又副作用较小的乙酰水杨酸，称之为阿司匹林（合成反应见图 7-10）。

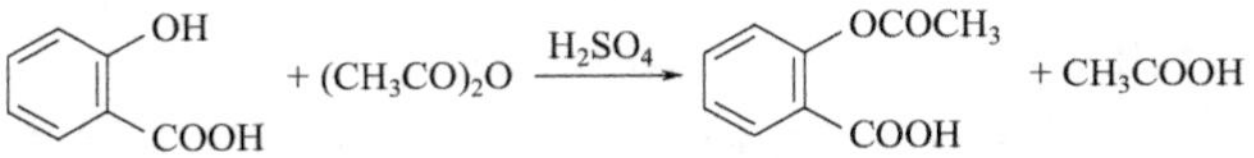

图 7-10　水杨酸和乙酸酐反应生成乙酰水杨酸

阿司匹林在人体内的作用机理，在它应用于治疗的近 75 年时间里，人们一直都不清楚。1971 年英国科学家约翰·罗伯特·范恩爵士发现，阿司匹林的活性成分抑制了体内前列腺素（疼痛信使物质）的生成，揭开了它的作用原理。11 年以后，约翰·罗伯特·范恩爵士因为这项成就获得诺贝尔奖。

在传统的阿司匹林生产中，由水杨酸和乙酸酐反应生成阿司匹林的过程需要加热，反应在 80～90℃温度下进行，反应时间 2h 左右，耗能量较大。反应时间越长则能耗越大，成本越高。许多化学家对它的生产工艺作了改进研究，找到了多种改进工艺，提高了生产率，降低了成本，减少了生产过程的三废排放。例如，在水杨酸和乙酸酐反应中按一定比例加入氧化钙或氧化锌，反应大大加快，不需要排放残渣酸，也不需要任何有机溶剂，无污染物排放，产物也不需要再结晶。又如，在水杨酸与乙酸酐反应时，用价廉易得的一水硫酸氢钠为催化剂，反应时间缩短，温度 80～90℃，收率高（约为86.7%）。还有采用三氯化铝作催化剂，反应时间更短，催化效果更好，不污染环境，产品质量好。

随着制药工艺的发展进步，又出现了阿司匹林肠溶缓释片。它是把阿司匹林嫁接到一种高分子化合物载体上得到的产品。阿司匹林肠溶缓释片在体内能缓慢持续地发生水解反应，释放出阿司匹林，使人体内在较长时间里都保持有一定浓度的阿司匹林，发挥长效治疗作用，可以减少服药次数。制备长效阿司匹林缓释片，用于与阿司匹林嫁接的高分子化合物是聚甲基丙烯酸（阿司匹林无法直接嫁接到聚甲基丙烯酸分子上，化学家借助乙二醇的作用来实现）。口服缓释片后，在小肠上部可吸收大部分，被吸收的药物大部分在肝内先后水解为乙酰水杨酸、水杨酸（反应见图 7-11）。

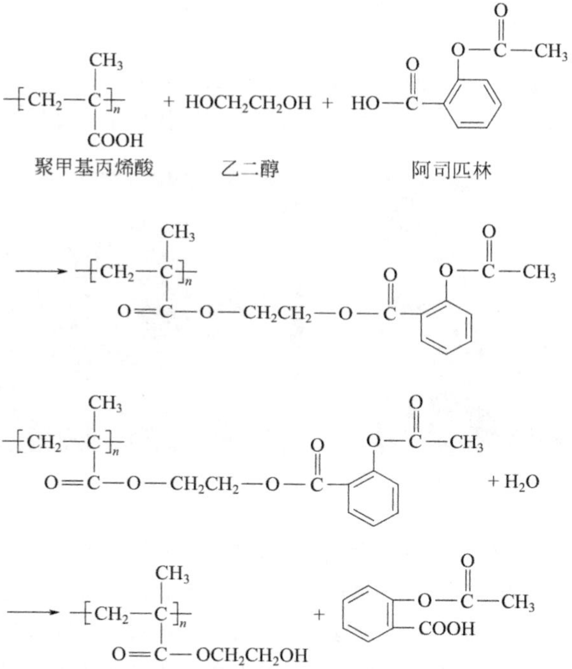

聚甲基丙烯酸 + HOCH₂CH₂OH + 阿司匹林

聚甲基丙烯酸　　　　　乙二醇　　　　　　阿司匹林

+ H₂O

图 7-11　长效阿司匹林的制备及其在体内的水解反应

7.4　铭记化学家们的贡献

人类在生活和生产实践中，通过对物质及其变化的观察、利用，积累了丰富的经验，获得了许许多多的感性知识。在此基础上，古代先贤、历代的化学家，孜孜不倦地研究物质的构成和变化，探索其中蕴含的规律，对客观世界的认识逐渐趋于科学。

在化学发展史上有许许多多化学家，为探索物质的组成、结构、性质和变化，投入了毕生的精力。他们在化学研究的征程中攀登，历尽艰难曲折，但从不退缩，征服了一个又一个科学高峰，为化学科学的建立和发展做出了杰出的贡献。限于篇幅，下边简略介绍其中几位在化学科学发展史上做出杰出贡献的化学家。

7.4.1　近代化学的奠基人——罗伯特·波义耳

罗伯特·波义耳（1627—1691）（图 7-12、图 7-13），英国化学家，由于其对化学科学发展做出的巨大贡献，被誉为"近代化学的奠基人"。

图 7-12　罗伯特·波义耳　　　　图 7-13　罗伯特·波义耳纪念邮票

　　从远古时期到公元十五六世纪前，早期工匠从事的制陶、冶金和酿酒活动，炼丹术士们迷恋的"点石成金术"、长生不老药的炼制，其中虽然涉及化学实验，积累了一定的化学实践经验和知识，但实际上这些化学"试验"，有很大的盲目性，也没有从积累的物质变化的条件和现象的经验知识，归纳提升到理性认识，实际上算不上是化学科学的实践。

　　十五六世纪，人们逐渐认识到炼丹术是缺乏科学基础的"愚蠢"行为，随着炼丹术、炼金术的衰落以及社会的发展，一些有识之士认识到化学研究的目的不应在于"点金"，而应该把化学知识应用于医疗实践、制取药物和冶金上。化学实验、化学方法在医学和冶金学的实用工艺中开始发挥重要作用，得到了较快发展，为化学成为一门科学准备了丰富的素材。此后，医药和医疗实践中，开始有人为解决问题进行化学实验研究，使用天平进行定量研究（如著名的"柳树实验"和"沙子实验"）。

　　1650～1775 年，近代化学开始孕育。人们总结已有的感性知识，进行化学变化的理论研究，使化学成为自然科学的一个分支。英国化学家罗伯特·波义耳就是一位代表人物。

　　波义耳年轻时代非常好学。在意大利，他阅读伽利略的名著《两大世界体系的对话》，从中吸取了丰富的科学知识。波义耳在伦敦结识了科学教育家哈特·利泊，哈特·利泊鼓励他学习医学和农业。当时的医生都是自己配制药物，波义耳在医学的学习研究中，对化学实验发生了浓厚的兴趣。他先后创建了几个自己的实验室，还聘用助手，进行长期的科学实验活动。他还和许多研究科学的青年科学家组成"无形学院"，交流探讨自然科学问题，他一直是无形学院的核心人物。1660年，无形学院扩大，建成了以交流自然科学知识为宗旨的英国皇家学会，成为著名的学术团体。波义耳对社交活动看得很淡漠，但是却把自己的科学活动与皇家学会密切地联系起来，在皇家学会赢得了很高的声誉，成为科学界公认的领袖。波义耳在1660～1666年的6年里，在皇家学会学报上发表了20篇论文，写了10本书。

波义耳在科学研究上的兴趣是多方面的。曾研究过物理、化学的多个领域，研究过哲学、神学，当然成就最突出的是化学。

在化学科学研究上，波义耳了解到德国的工业化学家格劳伯通过化学实验，在金属冶炼、酸碱盐的制取发明中取得了较多的研究成果，对于振兴德国的工业做出了重大贡献。他看到化学在工业生产中能发挥重要作用，觉得化学不应只限于制造医药，而应该在工业和科学中都发挥重要作用。为此，他认为要重新认识化学，讨论什么是化学。他根据自己的实践和对众多资料的研究，主张化学研究的目的应当在于认识物体的本性，需要进行专门的实验，收集观察到的事实，摆脱从属于炼金术或医药学的地位，发展成为一门专为探索自然界本质的独立科学。他在《怀疑的化学家》一书中阐述了这个观点，强调指出："化学到目前为止，还是认为只在制造医药和工业品方面具有价值。但是，我们所学的化学，绝不是医学或药学的婢女，也不应甘当工艺和冶金的奴仆，化学本身作为自然科学中的一部分，是探索宇宙奥秘的一个方面。化学，必须是为真理而追求真理的化学。"

波义耳认为化学研究首先要解决一个最基本的概念，什么是元素。古希腊的唯心主义哲学家柏拉图认为四种基本要素火、水、气、土是万物之源。这一学说在两千年里被许多人视为真理。后来医药化学家们又提出硫、汞、盐三要素理论。波义耳通过一系列实验，质疑这些传统的元素观。他指出：这些传统的元素，实际未必就是真正的元素。他批判了"四元素说"和"三要素说"，提出了科学的元素概念：只有那些不能用化学方法再分解的简单物质才是元素；万物之源的元素，不会是"四种"，也不会是三种，而一定会有许多种。波义耳使化学第一次明确了自己的研究对象。在《怀疑的化学家》一书中，还强调了实验方法、对自然界的观察是科学思维的基础，提出了化学发展的科学途径，强调："要想做好实验，就要敏于观察。""化学，为了完成其光荣而又庄严的使命，必须抛弃古代传统的思辨方法，而像物理学那样，立足于严密的实验基础之上。"

波义耳是一位技术精湛的、出色的化学实验家。他一生做过大量的化学实验，获得了许多重要的发现。波义耳发明石蕊指示剂的故事为人们所熟知。他在偶然发现盐酸溶液能使紫罗兰花瓣从蓝色变成红色之后，立即动手进行各种花草的浸液与酸、碱溶液作用的实验，发现用石蕊苔藓制成的紫色浸液遇酸变红、遇碱变蓝，可以用它辨别酸碱溶液。波义耳因此发明了辨别酸碱的试纸——石蕊试纸。波义耳还通过实验，发现五倍子水浸液和铁盐在一起，会生成一种不生成沉淀的黑色溶液。这种黑色溶液经久不变色，由此他发明了一种制取黑墨水的方法，这种墨水几乎用了一个世纪。

波义耳在运用实验研究空气的过程中，提出"空气的压强和它的体积成反比"。他改进了研究空气体积随压强变化的实验，用简单的数学等式表征它们的比例关系（即"波义耳定律"）。15 年后，法国科学家马略特也根据实验独立提出这一发现。后人把这一气体体积随压强而改变的规律称作波义耳－马略特定律。这是人类历史上第一个被发现的"定律"。

7.4.2　现代化学之父——拉瓦锡

在波义耳之后，又出现了一位杰出的人物——法国化学家、生物学家安托万－洛朗·拉瓦锡（1743—1794）（图 7-14）。拉瓦锡在化学科学的发展中做出了许多划时代的贡献，被誉为"现代化学之父"。

图 7-14　拉瓦锡和他的夫人

17 世纪到 18 世纪的近百年时间里，德国医生斯塔尔提出的"燃素说"风行欧洲。"燃素说"认为物质在空气中燃烧是物质失去燃素，空气得到燃素的过程。由于用"燃素说"可以解释一些现象，当时很多化学家相信"燃素说"。化学家普里斯特利将自己发现的氧气称为"脱燃素空气",用来解释物质在氧气中燃烧比空气中剧烈。1772 年,拉瓦锡设计了著名的钟罩实验,研究了硫、锡和铅在空气中的燃烧现象。他将白磷放入一个钟罩,钟罩里留有一部分空气,用管子连接一个水银柱以测定空气的压力,加热到 40℃时白磷就迅速燃烧,水银柱上升。拉瓦锡发现"1 盎司白磷燃烧大约可得到 2.7 盎司的白色灰烬,增加的重量和所消耗的 1/5 容积的空气重量基本接近"。他还用汞做了类似实验,测得的数据也是增加的重量和所消耗的 1/5 容积的空气重量基本接近。依据这一实验结果,拉瓦锡认为物质的燃烧是可燃物与空气中某种物质结合的结果,因此燃烧需要空气,金属燃烧后质量变重。1773 年 10 月,普里斯特利向拉瓦锡介绍了自己进行的氧化汞加热实验,他认为氧化汞受热分解能得到"脱燃素气",这种气体使蜡烛燃烧得更明亮,还能帮助呼吸。拉瓦锡重复了普里斯特利的实验,得到了相同的结果。但他认为这种气体是一种元素,正式把这种气体命名为"氧",并于 1777 年向巴黎科学院提出了《燃烧概论》报告。他在报告中阐明了燃烧作用的氧化学说,指出只有在氧存在时,物质才会燃烧;空气是由两种成分组成的,物质在空气中燃烧时,吸收了空气中的氧,因此重量增加,物质所增加的重量恰恰就是它所吸收氧的重量。他还运用天平进行定量实验,证明物质在化学反应中改变了状态,但参与反应的物质的总量在反应前后都是相同的,用实验证明了质量守恒定律。(拉瓦锡之前也有很多科学家提出过化学反应中质量守恒的观点,但是由于质量测试不准确,难以消除人们的怀疑。1748 年,俄罗斯化学家罗蒙诺索夫用精确的实验测定方法,提出了质量守恒定律的描述,但是由于地域原因他的观点没有被注意。)从此"燃素说"被否定,化学科学得到了蓬勃的发展。

1787 年,拉瓦锡还发表了《化学命名法》,提出化学物质的命名系统,使不同语言背景的化学家可以彼此交流,其中的很多命名原则与后来贝采里乌斯提出的符号系统结合形成了至今沿用的化学命名体系。

1789 年,拉瓦锡发表了《化学基本论述》。他在书中定义了元素的概念,对当时常见的化学物质进行了分类,总结出 33 种元素(尽管一些实际上是化合物)和常见化合物,使得当时零碎的化学知识逐渐清晰化。拉瓦锡还强调了定量分析的重要性,成功地将很多实验结果运用氧化学说和质量守恒定律做了简洁、自然的解释，产生了轰动。

拉瓦锡为后人留下了一部杰作——《化学概要》。在这部著作中，拉瓦锡除了正确地描述燃烧和呼吸这两种现象之外，在历史上还第一次列出化学元素的准确名称。拉瓦锡将化学领域中处于混乱状态的发明创造整理得有条有理。这部著作标志着现代化学的诞生。1795 年左右，欧洲大陆已经基本全部接受拉瓦锡的理论。

7.4.3　近代原子论的提出者——道尔顿

约翰·道尔顿（1766—1844），英国化学家，近代原子论的提出者（图 7-15）。他开创了现代化学的理论视角和思维方式，奠定了近代化学认识的发展。

图 7-15　约翰·道尔顿

道尔顿一生宣读和发表过 116 篇论文，主要著作有《化学哲学的新体系》两册。

道尔顿出生于一个贫困的工人家庭，因为家境贫寒，只能就读家乡的学校。老师很喜欢他，允许他阅读自己的书和杂志。老师退休后，12 岁的道尔顿接替他在学校里任教，后来又重新务农。1781 年道尔顿到一所学校任教，在一位盲人哲学家的帮助下自学了拉丁文、希腊文、法文、数学和自然哲学，还养成了几十年如一日进行气象观测、记录的习惯，为他以后的科学发现打下了实验基础。为了改变自己的境遇，他进行公开授课，并于 1793 ～ 1799 年在曼彻斯特新学院任数学和自然哲学教授，坚持进行科学研究。1803 年，他继承古希腊朴素原子论和牛顿微粒说，提出原子论，认为化学元素是由不可分的微粒——原子构成的，原子在一切化学变化中是不可再分的最小单位；同种元素的原子性质和质量都相同，不同元素原子的性质和质量各不相同，原子质量是元素的基本特征之一；不同元素化合时，原子以简单整数比结合。

道尔顿最先进行原子量的测定工作，提出用相对比较的办法求取各元素的原子量，发表了第一张原子量表，为后来测定元素原子量的工作奠定了重要的基础。他还推导并用实验证明了倍比定律（如果一种元素的质量固定时，那么另一元素在各种化合物中的质量一定成简单整数比）。

此外，道尔顿在气象学、物理学方面也有突出贡献，1801 年提出气体分压定律（混合气体的总压力等于各组分气体的分压之和）。道尔顿患有色盲症，他总结了自身和很多人身上观察到的色盲症的特征，于 1794 年发表了《关于颜色视觉的特殊例子》的论文。

道尔顿终生未婚，在生活穷困的条件下坚持从事科学研究。后来，英国政府在欧洲科学家的呼吁下，给予他一些养老金，但是道尔顿仍把它积蓄起来，奉献给曼彻斯特大学用作学生的奖学金。

在化学科学理论领域，道尔顿的原子论是继拉瓦锡的氧化学说之后的又一次重大进步。道尔顿揭示了一切化学现象的本质都是原子运动，明确了化学的研究对象，对化学真正成为一门科学具有重要意义。正如恩格斯指出的：化学新时代是从原子论开始的，所以道尔顿应是"近代化学之父"。

7.4.4　分子假说的提出者——阿伏加德罗

阿莫迪欧·阿伏加德罗（1776—1856），意大利化学家、物理学家（图 7-16）。

1811 年，阿伏加德罗从盖－吕萨克定律（气体化合时，它们的体积成简单的比例。如果所得的产物也是气体，其体积也是简单的比例）得到启发，创立分子的概念，阐述了分子与原子的区别。阿伏加德罗还反对当时流行的气体分子由单原子构成的观点，认为氮气、氧气、氢气都是由两个原子组成的气体分子。

图 7-16　阿伏加德罗

他认为，"在相同的物理条件下（即相同温度、压力下），具有相同体积的气体，含有相同数目的分子"（即阿伏加德罗定律）。该定律对原子论做了重要的补充和发展，使原子论可以圆满地解释气体作用定律，但当时未被科学家们所接受。直到 1860 年，分子论的观点才被科学界接受。为了纪念这位伟大的科学家，人们把 1mol 物质所含有的微粒个数命名为阿伏加德罗常数。

分子概念的提出，源于道尔顿的原子学说与盖－吕萨克从实验得到的盖－吕萨克气体定律的矛盾。盖－吕萨克将自己的实验结果与原子论相对照，发现原子论认为化学反应中各种原子以简单数目相结合的观点可以由自己的实验得到支持。他提出了假说：在同温同压下，相同体积的不同气体含有相同数目的原子。但是道尔顿反对这个假说。道尔顿在研究原子论的过程中，也曾作过这一假设，后被他自己否定了。他认为不同元素的原子大小不会一样，其质量也不一样，因而相同体积的不同气体不可能含有相同数目的原子。此外，依据一体积氧气和一体积氮气化合生成两体积一氧化氮的实验事实，按盖－吕萨克的假说，可以得到结论：n 个氧原子和 n 个氮原子生成了 $2n$ 个氧化氮复合原子，那就会得到一个氧化氮的复合原子是由半个氧原子、半个氮原子结合而成的荒谬结论。按当时的观念，原子不能再分，半个原子是不存在的。于是两位颇有名气的化学家发生了争论。其他化学家不敢轻易表态，在这种看不出是非的情况下，阿伏加德罗发现了矛盾的焦点，发表论文，声明从盖－吕萨克的气体实验事实出发，单质或化合物在游离状态下能独立存在的最小质点应该称作分子，指出原子是参加化学反应的最小粒子，分子是能独立存在的最小粒子。单质的分子是由相同元素的原子组成的，化合物的分子则由不同元素的原子所组成。他提出盖-吕萨克的假设可以改为："在同温同压下，相同体积的不同气体具有相同数目的分子。"阿伏加德罗引入分子的概念，解决了道尔顿的原子概念与实验事实的矛盾，也解决了"半个原子"的问题。

分子论和原子论是有机联系的整体，它们都是关于物质结构理论的基本内容。然而在阿伏加德罗提出分子论后的 50 年里，分子假说却遭到冷遇。阿伏加德罗认为分子假说在化学发展中有重要意义，于是在 1814 年、1821 年又发表了第二篇、第三篇论文，继续阐述分子假说。在第三篇论文中，他写了如下一句话："在物理学家和化学家深入地研究原子论和分子假说之后，它将要成为整个化学的基础和使化学这门科学日益完善的源泉。"但是分子假说仍然没有得到化学家们的认同。由于只有原子而没有分子的概念，化学家们在分析说明物质的化学式，在元素原子量的测定等问题上，遇到很多困难，造成很多混乱。1860 年，参加国际化学会议的 140 名各国化学家进行了激烈的争论。会上科学家康尼查罗散发了他写的一个小册子，回顾了 50 年来化学发展中成功的经验、失败的教训，用事实证明阿伏加德罗的分子假说是正确的，希望大家重视研究阿伏加德罗的学说。随后化学家们终于承认阿伏加德罗的分子假说。阿伏加德罗对自己正确观点的坚守，终于得到了承认，可惜阿伏加德罗此时已离开人世。

阿伏加德罗是最早认识到物质由分子组成、分子由原子组成的，他的分子假说奠定了原子－分子论的基础，推动了物理学、化学的发展，对近代科学产生了深远的影响。他的四卷著作《可称物质的物理学》是第一部分子物理学的教程。

7.4.5 发表元素周期表的化学家——门捷列夫

德米特里•伊万诺维奇•门捷列夫（1834—1907），俄国化学家（图 7-17）。门捷列夫在化学研究中，进行了许多实验，对大量实验事实进行了订正、分析和概括，积累了大量研究资料；同时，利用各种机会参观和考察了许多国家的化工厂、实验室。在此基础上，他批判地继承了化学家纽兰兹等对元素间联系、元素分类的探索成果，历经艰难，终于在 1869 年初总结出元素周期律，依照元素原子量递增的顺序，制作并于 1871 年发表了世界上第一张

图 7-17　门捷列夫

"元素周期表"。他把已经发现的 63 种元素全部列入表里，并预见了类硼、类铝和类硅等尚未发现的元素，还依据周期律，指出当时测定的某些元素（如铍、铟、铂、金）原子量的数值有错误。他的名著《化学原理》被国际化学界公认为标准著作，前后再版八次，影响了一代又一代的化学家。1955年，几位科学家在加速器中用氧核轰击锿，获得了一种新的元素，并以门捷列夫的名字命名为"钔"。联合国大会宣布 2019 年为"国际化学元素周期表年"，以纪念门捷列夫 150 年前发表元素周期表的重大成就。

随着科学技术的发展，尤其是原子结构研究的深入，元素性质发生周期性变化的本质得以揭示，元素周期律和元素周期表经过不断的完善和发展，在化学科学研究上发挥着越来越重要的作用。

7.4.6 化学工程技术专家——勒夏特列

图 7-18 勒夏特列

亨利·勒夏特列（1850—1936）（图 7-18），法国化学家。

勒夏特列中学时代特别爱好化学实验，对科学和工业之间的关系特别感兴趣。他研究过水泥的煅烧和凝固、陶器和玻璃器皿的退火、磨蚀剂的制造以及燃料、玻璃和炸药的发展等问题，研究怎样利用化学反应，在工业生产中得到最高的产率。他对乙炔气进行研究，发明了氧炔焰发生器，迄今还用于金属的切割和焊接。为防止矿井爆炸，他研究过火焰的物化原理。1877 年他提出用热电偶测量高温。（热电偶由两根金属丝组成，一根铂丝和一根铂铑合金丝，两端用导线相接组成热电偶。当热电偶一端受热时，会产生微弱电流，电流强度与温度成正比。）他还发明了可用于测量高温的光学高温计。

勒夏特列在热力学领域中取得的一个重大成就是从实际生产经验中总结出勒夏特列原理。依据勒夏特列原理可以判断在一定条件下可逆反应的化学平衡状态，在外界条件改变时平衡移动的方向。运用这一原理，可以控制生产条件，使某些工业生产过程的转化率接近或达到理论值，可以避免一些并无实效的生产工艺改进方案，有助于化学工艺的合理化安排和指导化学家们最大限度地减少浪费。

7.4.7 一个传奇而伟大的化学家、发明家——诺贝尔

阿尔弗雷德·贝恩哈德·诺贝尔（1833—1896，图 7-19），瑞典化学家、工程师、发明家，诺贝尔奖的创立者。

诺贝尔幼年同父侨居俄国，随从家庭教师学习。成年后，诺贝尔到欧、美求学、工作，研究各国工业发展的情况。此后，他致力于炸药制造研究，成立硝化甘油炸药公司，致力于雷管、可塑炸药的发明，兴办石油公司，创立研究所，取得了许多专利。

诺贝尔一生拥有 355 项专利发明，并在欧美等五大洲 20 个国家开设了约 100 家公司和工厂。他冒着生命危险，发明了安全炸药，极大地推动了世界的发展。他通过发明、开设工厂积累了大量财富。诺贝尔一生没有妻室儿女，1895 年 11 月，他立下遗嘱，设立诺贝尔奖（图 7-20）。他将遗产的大部分（约 920 万美元）作为基金，设立诺贝尔物理学奖、化学奖、生理学或医学奖、文学奖及和平奖（1969 年瑞典银行增设经济学奖），授予世界各国在这些领域对人类作出重大贡献的人。为了纪念诺贝尔做出的贡献，人造元素锘（Nobelium）以诺贝尔命名。

图 7-19　诺贝尔

图 7-20　诺贝尔奖章

7.4.8　对分子原子结构研究贡献突出的科学家——凯库勒、范特霍夫、卢瑟福、玻尔、鲍林

凯库勒（1829—1896，图 7-21），德国化学家，主要从事有机化合物结构理论的研究。凯库勒最早论证了苯的环状结构，为以苯环为基本结构的芳香族化合物的研究开辟了道路，这是有机化学史上里程碑式的成就。凯库勒还是一位成功的老师，他的学生中有三位诺贝尔奖获得者。

凯库勒在大学学习建筑专业，还

图 7-21　凯库勒

做过建筑设计。后来他偶然接触到化学家李比希，并深深被李比希的化学课所吸引，从而对化学产生了极大的兴趣，后转学化学。1849 年，他到李比希实验室工作，进行分析化学实验。在李比希的指引下，凯库勒走上了化学研究之路。

1851 年，凯库勒自费去法国巴黎留学。由于经济困难，他只能维持最低的生活水平，但他刻苦学习，获得了化学博士学位。

凯库勒对原子价（元素的化合价）问题特别关注。他克服种种困难，自己成立实验室，招收学生上课，带领实习生做实验，并进行有机物的"类型论"和原子"化合价"的研究。当时有机化学处于急速发展的时期，化学家发现了大量的有机化合物，也合成了许多有机化合物，但缺乏理论指导，在描述有机物结构方面，化学家们各持己见，非常混乱。1859 年，凯库勒通过醋酸的氯化研究，认识到碳链在化学反应中是不变的，牢固稳定的。他又通过一系列的实验研究，提出了有机物分子中碳原子为四价，而且可以互相结合成碳链的思想。后来经过俄国著名化学家布列特列夫的发展和完善，这一理论成为经典的有机化合物的结构理论，为现代结构理论奠定了基础。凯库勒还陆续提出了许多关于有机化合物结构的见解，指出饱和碳氢化合物的组成通式为 C_nH_{2n+2}；如果用简单转化的方法从一种物质制取另一种物质，可以认为碳原子的排列是不变的，改变的仅仅是除碳原子外的其他原子的位置和它们的类型。

1861 年起，凯库勒开始研究苯的结构，建筑专业的学习基础，使他形成了很强的形象思维能力，善于运用模型方法，把化合物的性能与结构联系起来。1865 年，他发表论文《论芳香族化合物的结构》，第一次提出了苯的环状结构理论。1866 年，他用交替的碳碳单键、碳碳双键六边形图式描述苯的空间结构。凯库勒提出的有机物结构理论极大地促进了芳香族化学的发展和有机化学工业的进步，充分体现了基础理论研究对于技术和经济进步的巨大推动作用。1867 ～ 1869 年，凯库勒发表了有关原子立体排列的思想，首次把原子价的概念从平面推向三维空间。

雅各布斯·亨里克斯·范特霍夫（1852—1911，图7-22），荷兰化学家。1875 年，范特霍夫发表了《空间化学》一文，提出分子的空间立体结构的假说，首创"不对称碳原子"概念，提出碳的 4 个价键的正四面体构型假说，

初步解决了物质旋光性与结构关系的
问题。这些观点成为立体化学的理论
基础。1877年，范特霍夫还研究了化
学动力学和化学亲和力问题。1884年，
出版《化学动力学研究》一书。1886年，
范特霍夫根据实验数据提出范特霍夫
定律——渗透压与溶液的浓度和温度
成正比。由于他"发现了溶液中的化

图 7-22 范特霍夫

学动力学法则和渗透压规律以及对立体化学和化学平衡理论作出的贡献"，
1901年成为第一位诺贝尔化学奖的获得者。

图 7-23 卢瑟福

欧内斯特·卢瑟福（1871—1937，
图 7-23），英国著名物理学家，原子
核物理学之父。学术界公认他为继法
拉第之后最伟大的实验物理学家。在
原子结构的探索历程中，卢瑟福的原
子结构模型是人们熟知的。

卢瑟福首先提出放射性半衰期的
概念，证实放射性涉及从一种元素到
另一种元素的嬗变。他又将放射性物质按照贯穿能力分类为 α 射线与 β 射
线，并且证实前者就是氦离子。他关于放射性的研究确立了放射性是发自
原子内部的变化。放射性能使一种原子改变成另一种原子，而这是一般物
理和化学变化所达不到的；这一发现打破了元素不会变化的传统观念，使
人们对物质结构的研究进入到原子内部这一新的层次，为开辟一个新的科
学领域——原子物理学做了开创性的工作。因为"对元素蜕变以及放射化
学的研究"，他荣获 1908 年诺贝尔化学奖。他在卡文迪许实验室，作为汤
姆孙的研究生时，通过 α 粒子散射实验，无可辩驳地论证了在原子的中心
有个原子核，提出了原子结构的行星模型，为原子结构的研究做出很大的贡
献。卢瑟福领导团队最先成功地在氮与 α 粒子的核反应里将原子分裂，他又
在同一实验里发现了质子，并且为质子命名。第 104 号元素为纪念他而命名
为"铲"。

图 7-24　玻尔

由于电子轨道也就是原子结构的稳定性和经典电动力学存在矛盾，玻尔提出背离经典物理学的革命性的量子假设，成为量子力学的先驱。

尼尔斯·亨利克·戴维·玻尔（1885—1962，图 7-24），丹麦物理学家。玻尔是哥本哈根学派的创始人，对 20 世纪物理学的发展有深远的影响。

1912 年，玻尔考察了金属中的电子运动，意识到经典理论在阐明微观现象方面存在严重缺陷。他赞赏普朗克和爱因斯坦在电磁理论中引入的量子学说，并创造性地把普朗克的量子说和卢瑟福的原子核概念结合起来。

1913 年，玻尔在原子结构的研究中，通过对光谱学资料的考察，提出了量子不连续性，成功地解释了氢原子和类氢原子的结构和性质，提出了原子结构的玻尔模型：原子核外电子环绕原子核作轨道运动，外层轨道比内层轨道可以容纳更多的电子；较外层轨道的电子数决定了元素的化学性质。如果外层轨道的电子落入内层轨道，将释放出一个带固定能量的光子。

1921 年，玻尔做了《各元素的原子结构及其物理性质和化学性质》的长篇演讲，阐述了光谱和原子结构理论的新发展，诠释了元素周期表的形成，对周期表中各种元素的原子结构作了说明，预言了周期表中第 72 号元素的性质。

1923 年，第 72 号元素铪的发现证明了玻尔提出的原子结构的正确性。由于对原子结构理论的贡献，玻尔获得诺贝尔物理学奖，他所在的理论物理研究所也在 20 世纪二三十年代成为物理学研究的中心。

20 世纪 30 年代中期，玻尔发现了许多中子诱发的核反应，提出了原子核的液滴模型，成功地解释了重核的裂变现象。

1937 年 5、6 月间，玻尔到中国访问和讲学，并和我国的杰出科学家束星北等学者有过深度学术交流（玻尔称束星北是"爱因斯坦一样的大师"）。为了纪念玻尔，1997 年 IUPAC 正式通过将第 107 号元素命名为 Bohrium(铍)。

莱纳斯·卡尔·鲍林（1901—1994，图 7-25），美国化学家，在化学键方面做了开创性的研究。他创立了杂化轨道理论和共振论，把经典的化学理论与量子力学相结合，从而改写了 20 世纪的化学历史。他用化学键理论阐明物质的结构，使化学更精确，更严谨；他将量子力学方法引入化学领

图 7-25　鲍林

域，从根本上改变了化学学科的面貌。鲍林创造性地提出了许多化学新概念，如共价半径、金属半径、元素电负性标度等。这些概念的应用，对现代化学的发展具有重大意义。

1939 年，鲍林编写了《化学键的本质》一书。为了阐明电子在化学键生成过程中的具体作用，解释共轭现象与化合物的新结构类型等问题，他把 W. K. 海森伯在研究氢原子时对量子力学交换积分所给予的共振概念应用到化学结构中，提出了化学共振论。化学共振论从电子自旋配对出发，采用多个结构的组合，描述分子体系的电子状态，使化学结构理论研究进入了一个新阶段。1954 年，因在化学键方面的贡献，鲍林获得了诺贝尔化学奖。

鲍林在科学研究中，坚持经验与理性相结合，注意归纳与演绎的结合，曾运用逻辑推理从晶体的性质推断其结构，又从该结构预见其性质，获得了对晶体结构和性质的认识。他称这种方法为"随机方法"，即"通过假设推测真理的艺术"，并把这种方法运用于复杂生物有机分子结构的研究。

阅读本章后，你知道了什么？

1. 化学科学的建立发展，促进了人类对物质世界认识的发展，促使人类更合理更科学地利用自然资源，制造了更多的新物质，使人们的生活质量得到提高，也为地球生态环境的保护、社会的可持续发展做出了贡献。无数事实雄辩地说明了化学科学的价值，展现了化学科学的魅力。

2. 物质本源的探索，118 种化学元素的发现历程显示了化学科

学在人类认识自然界、探索物质及其变化规律上的贡献，也有力地说明了人类的生产、生活实践是化学发现的基础，化学家对自然探索的强烈欲望是科学发现的永恒动力，科学技术的进步是科学发现不可或缺的条件。

3. 化学科学技术的发展，为人类认识、合理地利用自然界资源，提供了理论和技术的指导。食盐及以食盐为主要原料的化工产品与人们的日常生活有密切的联系。人类对食盐用途的认识、开发，以食盐为主要原料的化工产品的制造和应用，用浅显的事实说明了这个道理。

4. 化学科学建立、发展的过程中，制造、合成、创造了许多化学品，为满足生产、生活的需要，以及其他科学技术的发展提供了各种必需的物质（材料）和技术。经典药物阿司匹林的发明、合成，就是一个典型的例子。它显示了化学科学技术在新的高效、安全药物的合成和生产上的重要作用。化学科学在保障人类健康上具有不可替代的作用。

5. 许多化学发现和化学研究成果的取得，离不开科学家尤其是化学家的探索研究。化学家们从生产实践和前人的研究成果中学习，虚心吸取前人的成功经验和失败教训，敢于质疑、勇于创新的精神是人类的宝贵遗产，永远制得我们赞颂和学习。让我们记住他们在化学科学发展中的贡献，学习他们为化学科学不断探索的崇高精神！

参 考 文 献

［1］ 北京师范大学，华中师范大学，南京师范大学无机化学教研组．无机化学：上、下．4版．北京：高等教育出版社，2004．

［2］ ［美］凯瑟琳•米德尔坎普，等．化学与社会．原著第八版．段连运，等译．北京：化学工业出版社，2018．

［3］ 张祖德．无机化学．修订版．合肥：中国科学技术大学出版社，2008．

［4］ 申泮文．无机化学．北京：化学工业出版社，2002．

［5］ 袁翰青，应礼文．化学重要史实．北京：人民教育出版社，1989．

［6］ 周公度．化学是什么．北京：北京大学出版社，2011．

［7］ ［美］罗德•霍夫曼．大师说化学．吕慧娟，译．桂林：漓江出版社，2017．

［8］ 中华人民共和国教育部．普通高中化学课程标准．2017版．北京：人民教育出版社，2018．

［9］ 王组浩，等．普通高中教科书　化学（必修）：第一册，第二册．南京：江苏凤凰教育出版社，2020．